植物学者の散歩道

舘野正樹

闇人堂

プロローグ

春、植物園は冬眠から目覚める。早春の花が一斉に咲き始め、日に日に強くなる日差しの中で新緑が輝く。夏の万緑、秋の紅葉と、季節が慌ただしく通り過ぎていく。そして一二月、私の勤務する日光植物園は冬ごもりに入る。静寂の中、日光連山から研究室に届く風の音、屋根を滑り落ちる雪の音、ストーブの炎、どれもが懐かしく、そして温かい。

ストーブにあたりつつ子供の頃に思いを巡らせてみる。当時、家の田んぼにはドジョウやイナゴがいて、私はそれらを捕まえるために、毎日早起きしていた。一方、植物にはてんで興味がなく、遠足で日光植物園に行っているのだが、何も覚えていない。当然、将来この場所で働くことなど思ってもみなかった。

転機は中学のときに訪れた。理由もなく小さなブナの苗木を買ったのである。ブナは日陰でも育つと聞き、カエデの下に植えた。ところがなかなか大きくならない。しびれを切らして明るい場所に移植してみた。すると、ブナはとたんに大きくなり始めた。三〇年後、大きくなったブナは幹を虫に食われ、やがて枯れてしまった。実際に育ててみて、ブナは明るい場所が好きなこと、気温の高い平野部では害虫のために短命になることなどを知った。たまたま購入した小さなブナが現在の私を決めたのかもしれない。

大学院を出ていくつかの職場を転々としたあと、幸運にも日光植物園に職を得ることができた。ここは東京大学の附属施設で、寒冷地の植物が多数植栽されている。二五〇〇種もの植物があれば研究材料には困らない。また、一歩外に出れば、子供の頃から慣れ親しんだ日光国立公園の山々をフィールドとして使える。ここでは毎日、何かしら新しいことが起きた。赴任して二五年になるが、飽きることはない。

ここで経験したことを多くの方に伝えたい。そう思って書きためたエッセイが『植物学者の散歩道』と題して出版されることになった。私が子供の頃に経験した、ごくありふれた出来事なども取り上げている。この本を通して植物の生の素晴らしさを、ほんの少しだけだがお伝えしたいと思う。

植物学者の散歩道

目次

装画　保光敏将

モミの木が倒れた

標高六五〇メートルの日光植物園周辺は、本来モミの多い林だ。だからここにはモミの大木が何本もある。

数年前の二月、北風の強い晩にそのうちの一本が倒れてしまった。後始末にかかるお金の工面に悩む担当者を尻目に、これはチャンスだと思った。業者に幹を輪切りにしてもらい、年輪を数える。樹齢は一三〇年ちょっと。思ったよりも若い。とはいえ、一九〇二年に開設された日光植物園の歴史より三〇年ほど長い。

その年輪は、発芽後三〇年目くらいから一気に広くなっていた。植物園ができて周りの木が切り倒され、その結果モミに光がよく当たるようになったらしい。明るくなれば成長が良くなるのである。

倒れたモミの大木は年輪測定にまわされ、これが最後のご奉公となった。実はこのとき初めてモミ材のにおいを知った。ヒノキのような香気はなく、一言で言えば臭い。モミしかなければ仕方がないが、スギやヒノキが手に入るならばモミは勘弁願いたい。

一般に、年輪はその木の生きた時代をよく表す。気象条件が良い時代には年輪幅は広くなる。悪ければ逆だ。この性質を使って木が生きていた時代を決定するのが年輪年代法である。これによって建造物が建てられた時期を決めることもできる。法隆寺、唐招提寺など、この方法が建立時期を決める決定打となった。だが、倒れてしまったモミのように途中で周囲が明るくなったり、逆に暗くなったりした場合、この方法は使えない。

年輪からさまざまな情報が得られるのは温帯だけだ。日本のように四季のはっきりとした温帯では年輪が作られる。冬期には幹が肥大できないため、一年の間に肥大の緩急ができるからである。しかし、熱帯雨林のように一年じゅう幹が成長を続けられる環境では年輪は見られなくなる。そのため年輪年代法は使えず、樹木の年齢も知ることができない。四季は季節ごとの楽しみを提供してくれるだけでなく、研究もサポートしてくれる。

モミが倒れると、暗かった林の下は明るくなり、そこでさまざまな植物が成長を開始した。このあとどんな林が再生されるのだろうか。今のところ、いち早く成長を始めたキイチゴの畑となりつつあるのだが、モミの子供たちも大きくなってきている。しばらくはキイチゴをほおばりながら見守るとしよう。

木材から見えてくる植生

江戸時代以前、木材を遠くから運ぶことはできず、近場に生えていた木を使って建物を造っていた。そのため、古い建物の木材を見れば、かつてその周辺にあった植生を推定できる。

日光植物園に勤務していた元同僚の生家は、植物園から山一つ越えたところにあった。二〇〇年以上の歴史をもつその家は主にモミでできていた。これは、日光付近にはモミが多かったことを示している。

今ではモミなど見向きもされないのだが、雪の少ない地方ではよく使われてきた。弥生時代の吉野ヶ里遺跡や登呂遺跡から出土する柱はモミだ。近世になってもそれは変わらない。国宝の姫路城や松本城の柱にもモミが使われている。

一方、雪の多い地方ではスギが使われた。かつて出雲大社の柱はスギだった

国宝である東大寺転害門の柱。これはヒノキの丸太だ。かつては近畿地方にも天然のヒノキが分布していた。

し、岐阜県白川村の合掌造りでもスギが使われていたようだ。北のほうではヒノキアスナロ（ヒバ）だ。世界遺産の中尊寺はヒノキアスナロで作られている。そのほか、西の奈良では主にヒノキが用いられていた。現存する最古の建築物である法隆寺もヒノキ造りだ。

元・東北大学植物園の鈴木三男先生は、木材の樹種を同定するスペシャリストである。先生は建造物の樹種をもとに、山の本来の植生を次のように考えていた。北日本はヒノキアスナロ、東日本はモミ、日本海側はスギ、西日本はヒノキやモミなど。かつてはこれらの常緑針葉樹とブナなどの落葉樹が混生していたのだろう。

山の植生が大きく変わったのは主に江戸時代。山奥から木材を搬出できるようになり、針葉樹が乱伐された。津軽藩が作っていた地図を見ると、白神山地からヒノキアスナロが失われてブナ林となっていく過程がよくわかる。南アルプスの麓では年貢として針葉樹を納め続けたため、山は雑木林に変わっていったことも知られている。

雷の爪痕

栃木の夏といえば雷だ。昼間、関東平野で暖められた空気が日光の山にぶつかって上昇し、冷やされる。この過程でプラスとマイナスの電気をため込んだ雷雲ができる。夕方、雷雲は風に乗って南東に流れ、平野部にやってくる。雷鳴は恐ろしいけれど、一緒にくる夕立は内陸部の猛暑を和らげてくれる。

雷は、水とイオンを含む生物体や、金属に落ちやすい。背が高ければなおさらだ。だから樹木に落雷の痕を見ることはよくある。たいていの場合、落雷によって上から下まで樹皮が裂けている。

樹木の体の中で電気を運ぶのは、カリウムなどのイオンだ。イオンは、雷と引き合って水の多い樹皮近くを移動する。しかし、イオンは金属の中の電子ほど自由に動くことはできない。水分子にぶつかって一瞬にして熱を発生する。

落雷で砕け散ったスギ。初めて見たときはただ立ちすくんだ。後で聞いたのだが、中学の同級生は目の前でスギが割れるのを見たという。こちらのほうがすさまじい経験だ。

熱せられた水は水蒸気となり、樹皮付近の圧力が上がって破裂し、樹皮が裂けてしまう。落雷によって樹皮が裂ける仕組みには、おそらくこのような水蒸気爆発が関係している。

写真のような、幹が破壊されるほどの落雷は少ない。今までにスギで三例ほど見かけただけだ。なぜスギではこのような現象が起きるのだろうか。確かなことは言えないのだが、一部のスギでは幹が内部まで濡れていることが重要なのかもしれない。その場合、電流が幹の内部を流れてしまい、内部から爆発する可能性がある。

生物体には水が多いので、落雷しても火事にまでなることはまずない。それに対し、乾燥した木造建造物に落雷すると火災が起きやすい。奈良や京都の社寺のなかには落雷によって焼失したものもある。

一方で、一〇〇〇年以上無事な建造物も多いのは喜ぶべきことだ。これは、畿内には雷を生み出す高い山がなく、雷の発生しにくい土地であったことと無関係ではないはずだ。もし、栃木に奈良や京都の都があったとしたら、重要な建造物は失われていたに違いない。

イチイ大明神

イチイはアララギやオンコとも呼ばれる常緑針葉樹である。美しく加工しやすい木材は古くから利用されてきた。古代の高官たちが携えていた笏《しゃく》にも使われていたというし、岐阜の高山には一位一刀彫りがある。イチイを一位と書くのは、その語源が位階の一位だからということらしい。

最近では抗がん剤で有名だ。イチイの仲間に含まれるパクリタキセルという物質が乳がんに効くのである。パクリタキセルは物質の一般名であり、タキソールという薬品名のほうがよく知られている。信心とは無縁の私だが、正一位イチイ大明神と呼んで手を合わせている。笏の時代から一〇〇〇年の時を経て、イチイは名実ともに一位となった。

このパクリタキセル、よく調べていくと実はイチイが作るのではなく、その

小さなイチイの実は、鳥に丸呑みされるのに都合がよい。日光育ちの知り合いに聞くと、イチイの実は子供たちのおやつだったとのこと。鳥にとっては迷惑なライバルだ。

樹皮に棲んでいるカビが作っているのだという。ではいったい何のために？

パクリタキセルは、がん細胞だけでなく、細胞全般の分裂を阻害することが知られている。もしかすると、競合するカビの増殖を抑えるのが本来の役割なのかもしれない。この場合、パクリタキセルは遅効性の抗生物質の一種ということになる。

植物自身も多くの物質を合成する。なかには特殊なものも多く、二次代謝産物と呼ばれている。そのいくつかは防御物質、つまり毒である。

イチイも毒を作る。アガサ・クリスティの推理小説『ポケットにライ麦を』では、タキシンというイチイに含まれる毒が使われている。こうした植物の毒は、抗生物質とは違って即効性だ。せっかく毒を作っても植物体を食い尽くされたあとで効いたのでは、後の祭りだからだ。タキシンも即効性だし、熟していないウメの実に含まれる青酸（シアン化水素）も即効性。

鳥に散布してもらうイチイの実は、赤く熟すと甘くておいしい。内部にある種子には毒が入っていても、外側の甘い部分に毒はない。歯をもたない鳥は実を丸呑みするので、種子に毒が入っていてもへっちゃらだ。

不許葷酒入山門

以前、ネギ、ニラ、ニンニクなどはユリ科とされていた。遺伝子の解析が進んだ現在、これらはヒガンバナ科に移っている。これらの植物は漢字一文字で葷《くん》といい、臭いの強い植物という意味をもつ。

臭いの元はアリシンという物質であり、毒性が強い。私の家の畑にはよくヨトウムシが大発生した。殺虫剤を極力使わなかったからだ。ヨトウムシはソバや小豆などの葉を食い尽くすと、最後にはネギに取りつく。そしてネギにしがみついたままで死んでしまう。このように、アリシンは捕食者から植物体を防御する物質として進化してきた。

子供の頃、私は母方の祖父に連れられていろいろな場所に行った。大阪の万国博覧会、奈良の社寺、明日香村の石舞台などを訪れた経験は、その後の人生

ギョウジャニンニクの花と葉。ネギの仲間だけあって、花も似ている。葉は中毒を引き起こすイヌサフランなどと似ているが、ギョウジャニンニクは臭いがまるっきりネギなので識別できる。

にとってかけがえのないものとなった。こうした有名どころ以上に印象に残っているものがある。あるお寺の山門に掲げられていた「不許葷酒入山門」という漢文である。葷酒山門《くんしゅさんもん》に入《い》るを許さず。臭いの強いものと酒は門の中に入ってはいけない、という意味だ。禅宗のお寺に掲げられていることが多いらしい。修行の妨げになるからなのだろう。

　禁酒はわかる。でもなぜ葷がだめなのか理解できなかった。子供の頃からニラの天ぷらが好きだったし、野生の小さなタマネギであるノビルも好物だったからである。一説によると、葷は元気になりすぎるからということだ。座禅を組むという静的な修行には向かないのだろう。

　その一方で、葷の仲間にはギョウジャニンニクがある。行者とは屋外で厳しい修行を積む僧侶であり、こうした修行には葷が必要なのだという。

　ギョウジャニンニクは多雪地の沢沿いなどに多く見られる。五月に雪解け水の中を歩いたとき、ギョウジャニンニクが葉を展開していたのですぐに採って料理した。豚肉との炒め物を作ったように思う。もちろんおいしかった。日光植物園にもギョウジャニンニクがある。林床のササを刈り払ったら増え始めた。ササは植物園にとって最大の敵だ。

「不許葷酒入山門」について、もう少し書いておきたいことがある。祖父は笑いながら「不許葷、酒入山門」と読むのだと言っていた。葷はダメだが、酒は山門に入れ、である。子供ながらに「座布団一枚！」とにんまりした。

「不許、葷酒入山門」という読み方もあるらしい。許されないけれど、葷も酒も山門に入れ、だそうだ。ユーモアは酒以上の百薬の長である。

マムシグサの甘い果実

マムシグサはサトイモの仲間。茎の模様がマムシに似ている。

マムシグサに限らずサトイモ科の植物の多くは、全身にシュウ酸カルシウムの結晶を含んでいる。茎や葉を口にするとこの結晶が舌に刺さって痺れるので、しばらくは何も食べられなくなってしまう。

邪悪なマムシグサでも果実だけは別だ。真っ赤になって軟らかくなるまで待つと、気味が悪いほど甘くなる。この赤色は「毒はないから食べてくれ。栄養あるぞ。そして種子を運んでくれ」というサインだ。

赤いサインは植物と霊長類、鳥類の間で進化した。霊長類と鳥類は赤がよく見えるからだ。こういった進化を共進化と呼ぶ。例えば森に赤いイチゴと緑のイチゴがあったとき、誰もが赤いほうがおいしいと考える。これは、長い進化

小さなマムシグサはオスだ。大きくなると性転換してメスになり、真っ赤な果実をつける。

の歴史の中で遺伝子に刻みつけられたものだ。

広告業界の方に聞いたところ、食べ物屋の看板には基本的に赤を使うのだという。これは生物学的に理にかなっている。もし食べ物屋の看板を緑にしたらどうだろうか。私たちは緑色ではなく赤色のほうにひかれていく。生物学的に見れば、緑色の看板を掲げた食べ物屋さんが繁盛することはないだろう。書いているうちに具体的なチェーン名が頭に浮かんできてしまった。

一方で、私たちが緑色の野菜を好むのはなぜなのだろうか。これは学習のおかげだ。野菜は緑色であっても、渋みも苦みもない。しかも軟らかい。野菜は人間が食べやすく改良した植物だ。一度食べてみて緑色でもおいしいことを知れば、次からは好んで食べるようになる。

野菜への改良は、植物を食べる虫たちにとってもありがたかった。キャベツを食べる青虫は、その恩恵を受けた典型だ。だから野菜を作るときに殺虫剤は欠かせない。

とはいえ、それほど怖がることもない。規制のきびしい日本では、用法を守って農薬を使うかぎり、人間への害はない。

菜の花咲きぬ

あるラジオ番組の収録で春の好物を聞かれた。私はとっさに菜の花と答えた。蕾《つぼみ》のお浸しには春の希望が詰まっている。

菜の花はアブラナの仲間の花のこと。アブラナは秋に発芽して年を越え、春に開花して一生を終える。このような生活史をもつ植物を越年草という。野生の越年草の場合、日長（昼の長さ）が長くなっていくと花芽ができる。日長に対する反応で植物を区分すれば、越年草は長日植物の仲間に入る。

越年草の生活史は、冬に雨が多くて夏に乾燥する地中海性気候に適合している。冬期に豊富な水を得て成長し、灼熱の夏期は種子でやりすごす。アブラナも地中海周辺が原産地といわれる。

アブラナはそのまま食用になるし、種子からは油が採れる。有用な植物だっ

日射しの中に咲く菜の花（館山市）。青空の彼方には富士山が
顔を出していた。

たので、紀元前には中国に伝わっている。日本でも栽培の歴史は長く、古事記や万葉集に登場する。アブラナもシルクロードの旅人だ。

旅路の中で、アブラナから多くの野菜が作られてきた。ハクサイ、コマツナ、ミズナ、チンゲンサイ、そしてカブもアブラナを原種とする。

他のアブラナの仲間からもたくさんの野菜が作られた。カラシナからはタカナやザーサイが、ケールからはキャベツ、ブロッコリー、カリフラワー、ハボタンが作られている。

多数の栽培品種が生まれた背景には、自家不和合性という性質があるらしい。自分の花粉では受精できないということだ。自家不和合の場合、種内に多様な遺伝子が保存されやすい。それらを使って多彩な品種ができたのだという。

春の七草のなかにはすずしろが含まれている。聞き慣れない言葉なので不思議に思うかもしれない。すずしろは清白とも書き、大根のことだ。ダイコンもアブラナ科の植物で、これも地中海周辺が故郷。お洒落なイタリアとダイコン、何だか取り合わせに違和感が……。だって私の好みは苦みを少し残した田舎風の煮物。日本酒とともに。

カキ戦争

不毛なのは好みの硬さを議論することだ。祖母はどろりとした果肉をスプーンですくって食べていた。硬派だった私は黙って外を見ていた。

晩秋、祖母はカキが軟らかくなるのを待って収穫する。その頃には鳥たちも目を付けている。そして毎年恒例のカキ戦争が勃発する。

わが家のフユウガキ（富有柿）を狙うのは主にヒヨドリだった。果肉をつつき、種子を残していく。本来、カキの種子は鳥に散布してもらうので鳥が飲み込める大きさだ。しかし、フユウガキの品種改良では果肉だけでなく種子も大きくなった。そのため、鳥たちは種子を飲み込めなくなった。同様の理由でウメやモモの種子も大きい。

対照的なのはリンゴやナシだ。果肉は野生のものの一〇〇倍以上にもなるが、

鳥につつかれたフユウガキ。大きな種子は飲み込まれず、半分顔を出している。

種子の大きさはそれほど変わらない。イチゴの種子も小さいままだ。イチゴの種子が大きくなったら見向きもされなかったろう。そうでなくても、あのプチプチ感が嫌いな人もいる。

品種改良で種子までが大きくなってしまうかどうかには、果肉の出自が関係しているらしい。

めしべの付け根には子房がある。子房だけから果実ができるものを真果という、子房が膨らんで種子と果肉の両方ができる。真果の品種改良では、子房全体を大きくする突然変異体を選抜してきたようだ。その結果、果肉だけでなく種子も大きくなったものが多い。カキ、ウメ、モモは真果だ。

一方、果肉が子房以外の部分からできてくるものを偽果という。偽果を作るリンゴやイチゴの場合、果肉は子房に付随する花托《かたく》からできる。リンゴなどでは花托だけを大きくする突然変異体を探し出せた。だから種子は小さいままだ。

真果でもごくまれに種なしの突然変異が出現する。種なしのジロウガキ（次郎柿）は江戸時代末期の作品だ。連綿と続く美食への執念が垣間見える。

くだんのカキ戦争だが、「鳥へのお裾分けだ」というお決まりの負け惜しみで終わる。ほどなく冬がやって来る。

ヒエの高笑い

ブリューゲルは一六世紀に活躍した画家だ。彼の代表作の一つである「穀物の収穫」は興味深い。コムギの背丈が人の肩ほどもあるのだ。直感的には、こうした背丈の高いコムギのほうが多収であるように思える。しかし実際は、背の高いコムギは茎にコストをかけてしまい、実は少ない。

二〇世紀、日本人は背丈の低い半矮性コムギ（農林一〇号）こそが多収であることを発見した。第二次世界大戦後、この農林一〇号が「緑の革命」で活躍した。農林一〇号のもつ半矮性の遺伝子が世界のコムギに導入され、食糧生産が増大したのである。

イネでも半矮性は有効だった。藤坂五号は背の低い多収品種のはしりだったと思う。その血を受け継ぐフジミノリやレイメイは、さらに背が低く収量が高

背の高いヒエはイネの上に葉を広げ、好き勝手に大きくなって穂をつける。

かった。

しかし、これらの多収性イネには味に難があった。豊かになり、味にこだわるようになった日本人には受け入れられなくなっていった。そこで脚光を浴びたのが、収量よりも味をとったコシヒカリだ。おいしいのだが、かなり背が高いため倒れやすく、収量もそれほどではない。

現在、味も良く、背が低くて多収という理想的なイネを作る試みが行われているという。筆者の両親は小さな水田で自家用にコシヒカリを栽培しているのだが、こんな品種ができたらさぞ喜ぶことだろう。

とはいえ、理想的なイネができたとしても、まだ弱点は残る。背丈が低いかぎり、背丈の高い雑草であるヒエの侵入を防ぐことはできない。ヒエはイネの上に葉を広げ、光を好きなだけ使って大きくなる。除草しない水田はイネを見下ろすヒエの天下となる。まさにヒエの高笑い。だから、農地では除草が欠かせない。除草剤の発達でその苦労が軽減されたのが救いだ。

農地にはびこる背の高い雑草としてはヒエのほか、タカサブロウ、シロザ、ホソアオゲイトウなどがある。麦畑ではエンバクが強敵だ。以前は作物だったのだが、今では雑草として生き残っている。

サバンナと牧場

イネ科の植物は、ガラスの原料ともなる硬いケイ酸で身を守る。イネ科の歴史は古く、中生代の白亜紀に進化した。この頃、ケイ酸の鎧はかなり有効だった。昆虫が主体であった草食動物では、文字通り、歯が立たなかったのである。しかし、新生代になると哺乳類が臼歯を進化させ、硬い葉をすりつぶせるようになった。それ以降、えぐみの少ないイネ科の葉は草食の哺乳類にとって最高の餌となった。

では、イネ科植物の草原にどれくらいの哺乳類が生活できるのだろうか。計算上は一ヘクタールあたり、体重六〇〇キロのウシが二頭から三頭程度は棲めるはずである。

ところが、野生動物の宝庫とされるタンザニアのセレンゲティ国立公園でさ

草食の哺乳類の天国は、サバンナよりも牧場だ。沖縄県の西表島にて。

え、ウシに換算して一ヘクタールあたり〇・五頭程度しか生息していない。このサバンナの植生はイネ科中心なので、草食の哺乳類がもっと多くてもよいはずだ。その理由を知りたいと思った。

まず考えられるのは、ライオンなどの肉食の哺乳類の存在である。しかし、セレンゲティのライオンやヒョウなどは重さにして草食のものの一〇〇分の一程度しか存在しない。これでは、肉食の哺乳類が草食の哺乳類を大量に捕食してその数を極端に減らすことはできない。では何が問題なのだろう。

サバンナには強烈な乾期がある。この乾期が引き起こす飢えと渇きが、哺乳類の生息数を制限してしまうらしい。とはいえ、この乾期があるからこそ樹木が育たず、イネ科植物中心のサバンナになる。乾期は痛し痒《かゆ》しなのである。

実は、草食の哺乳類にとっての天国は、乾期のない地域に人間が作った牧場だ。一年じゅう気温が高ければなお良い。ここは本来、熱帯雨林や亜熱帯雨林となる。そこを開墾してイネ科の牧草を植えた牧場では、一年じゅう新鮮な餌が手に入るのである。日本では沖縄の牧場がその典型だ。ただし、こうした場所は森林に戻りやすい。人が手を入れ続けなければ、天国はやがて消滅してしまう。

狩猟採集民と野生の動植物

私たち農耕民は米や小麦などの穀物を直接食べることもあれば、穀物で育てた家畜の肉を食べることもある。農耕民にどちらのほうが多くの人口を養えるかと聞けば、前者だと即答するはずだ。一方で、この世界には、農耕を行わない狩猟採集民も生きている。彼らに植物と動物のどちらが人口を支えるのか問えば、動物と答えることになる。なぜなのだろう。

私が大学院生だったとき、学部時代に所属していた部活の後輩と北海道の山へ沢登りに出かけた。米と調味料は持参するが、おかずは現地調達で済ます、という計画だった。初日は大雪山のクワウンナイ川を遡行し、オショロコマというイワナの仲間を何尾か釣り上げることができた。野菜になるものはないかな、カロリーの足しになる植物はないかな、と探してみたもののうまくいかず、オショロコマの塩焼きと白飯だけの夕食となった。

このように、食べられる植物を野外で探すのは難しい。狩猟採集民にとってもそれは同じであり、彼らは必要とするカロリーのかなりの部分を動物から得ているという。

狩猟採集民は動物に依存しているとはいえ、動物をたやすく手に入れることはできない。これまで何回か紹介したように、野生の植物は食われないための防御機構を進化させてきた。毒であったり、タンニンであったり、硬い細胞壁を作ったりと、あの手この手で動物を翻弄してきたのである。その強力な防御機構のおかげで、植物は作り出した有機物の数%しか動物に食われない。そのため、動物は希少なのである。

動物は希少ではあるが、それでも少しは手に入る。それに対し、ヒトが利用できる野生の植物はほぼゼロといってもよい。そのため、狩猟採集民にとっては動物のほうが植物よりも良い食糧となる。動物は私たちが食べられない植物を肉に変換してくれるありがたい存在なのである。この世界に植物しかいなかったら、狩猟採集民は飢え死にしてしまう。しかし、動物がいたから生き延びてきた。

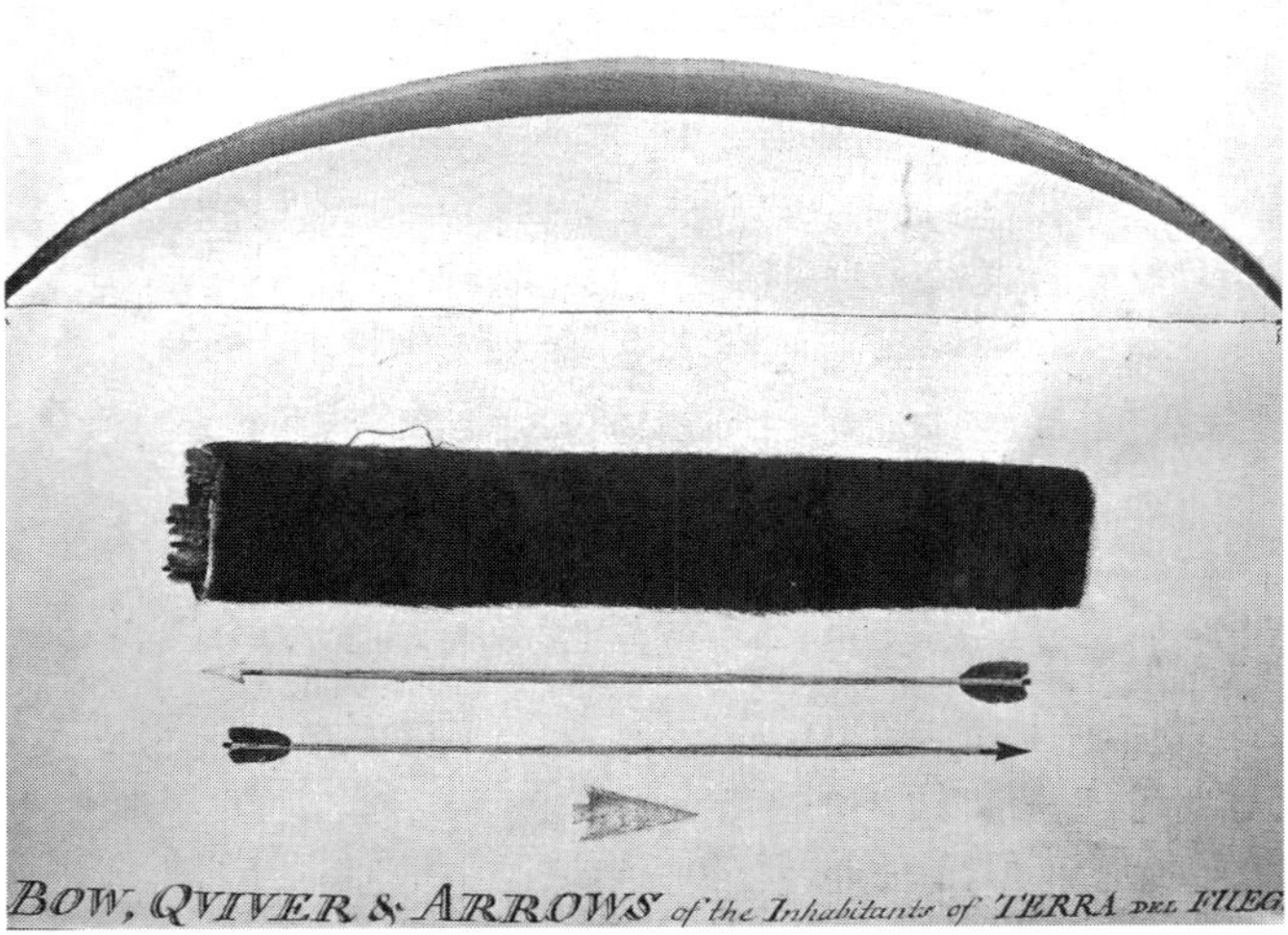

狩猟採集民の弓矢。これはチリ最南端の島で暮らしていたヤガンの道具である。農耕民に必要なのは鋤や鍬だが、狩猟採集民にとっては狩りの道具が重要だった。

狩猟採集民は生存に必須な動物を狩るために一日二〇キロも歩くという。それは主に男たちの仕事だ。子育てに忙殺される妻と食べ盛りの子供を養うため、男たちは身を削って狩りに行く。男性が肉体労働に向いた身体をもつのはこのためである。穀物を栽培しないかぎり、狩りの腕が家族の生死を左右する。研究者たちが狩猟採集民の食糧について精力的に研究を進めた結果、カロリーベースで扱えるデータが蓄積してきた。データが示すのは、狩猟採集民の男たちは死ぬまで狩りを続けなければならないということだ。そうしなければ、家族の存続に必要な人数の子供たちを、そして孫たちを育て上げることができないのである。

今日の献立は何にしようかな、スーパーに行ってから考えよう、といった余裕のある生活は農耕の発明によって可能になった。農業に感謝しなくては罰が当たる。

私がクワウンナイ川を上ってから数年後に、遡行が禁止されてしまった。事故が多発したからである。今は再び登れるようになったらしいので、オショロコマに会いに行こうかと思う。でも、今度は見るだけにしておこう。

草のふるさと

生物学では、草のことを草本《そうほん》、木のことを木本《もくほん》という。木本の茎は毎年肥大していくが、草本の茎は一年以内に枯れる。茎だけでなく、根も一年以内に枯れる。翌年に残るのは種子、地下茎、そして芋だけだ。

湿潤な日本では、木本が優占してやがて森林ができる。原生林ともなるとその林床は暗く、背の低い草本は生きにくい。私たちの祖先が森林を切り開く以前、草本は河川の氾濫原を本拠地として生きていたと考えられている。

氾濫原では、台風などによる洪水が頻発する。そのたびに流路は変化し、土砂が堆積し、また削られる。このような不安定な環境は木本には厳しい。多くの木本は、発芽してから何十年もの間、開花せずにひたすら巨大化する。そのため、不安定な氾濫原では、木本は種子を残す前に死んでしまう可能性が高い。

渡良瀬川にかかる渡良瀬橋（足利市）付近の河川敷。本来、草たちはこんな場所に生きていた。

一方、草本は発芽した年に開花することも多く、洪水を種子の形でやり過ごせる。そのうえ、氾濫原には光が満ちあふれている。

関東平野は日本最大の平野であり、ここには氾濫を繰り返してきた多くの河川がある。利根川、荒川、鬼怒川、那珂川などだ。そして、かつての関東平野には氾濫原が広がり、草本の天国だった。

それを一変させたのが、徳川家康だ。江戸に流れ込んでいた利根川を渡良瀬川や鬼怒川などに付け替え、銚子へと向かわせた。さらに荒川の流路も変えている。これによって関東平野南部の洪水は少なくなり、人々の暮らしは安定した。しかし、草本の立場でみれば、草本の本来の生育地は土手に挟まれた狭い河川敷だけとなってしまった。

ある年の秋、河川敷の撮影という理由をつけて渡良瀬橋に出かけた。三〇年前にヒットした「渡良瀬橋」は、森高千里の代表曲である。その日、何人もの森高ファンが聖地となったその橋を訪れていた。隠れファンの私が年甲斐もなく聖地巡礼に出かけるには、「雑誌の取材」という口実がどうしても必要だったのである。

ミズバショウの拙速

もともと日光植物園の周辺にミズバショウはない。ミズバショウの自生地は雪の多い日本海側だ。

植物園のミズバショウは三月下旬に咲き始める。四月一日の開園日にはちょうど見頃となるはずだが……そううまく見られるわけでもないのだ。三月の日光はまだ冬といってもよい。霜も降りるし、ときどきは雪も降る。ミズバショウは寒さに弱く、霜が降りると花も葉も茶色く変色してしまう。寒いが雪のそれほど多くない植物園の気候にだまされ、開花時期が早くなりすぎるのである。

ミズバショウといえば尾瀬の湿原。植物園から二か月遅れの五月下旬に咲き始める。開花が遅いのは五月上旬まで雪の下にあるためだ。この頃になれば気温は高く、霜が降りることもない。だから自生地のミズバショウは美しい。

新雪をかぶった日光植物園のミズバショウ。自生地より早く3月に開花するため、霜で茶色く変色してしまうことが多い。

晩夏、日本海側の山では林の下に一メートルもありそうな巨大な葉を見かけることがある。これが実はミズバショウの完成された葉。花の時期の慎ましやかさからは想像もできない大きさだ。湿原でもないのになぜミズバショウなの、と思うかもしれない。残雪の多い日本海側の山は夏まで湿っていることが多い。ここでは湿原でなくともミズバショウは生きていける。

ミズバショウはサトイモの仲間だ。花屋さんで売っているカラーという植物も同じ。ミズバショウの花もカラーの花も、私たちの愛でる白や色とりどりの部分は花びらではない。葉が変形したもので、苞《ほう》と呼ばれる。ミズバショウの苞は仏像の後ろにある炎の形をした光背に似ているため、仏炎苞《ぶつえんほう》という。

黄色いアメリカミズバショウはアメリカ原産。植物園ではミズバショウよりも遅く開花するため、霜にあたることはまずない。英語ではスカンクキャベツと呼ばれるらしいが、ミズバショウの仲間に悪臭はない。

二つのミズバショウ、祖先種は北半球の大陸が一つにまとまっていた時期に進化した。その後、気候の変化によって大陸の西端と東端だけで生き残った。西端で生き残ったのがアメリカのミズバショウに、東端で生き残ったのが日本のミズバショウになった。人間ならば泣き別れである。

ウキクサの本拠地

陸上では古生代以降、背の高い植物が光をめぐる競争の中で進化してきた。一方、海中では何十億年もの間、単細胞の植物プランクトンが光合成を行う生物の主役だ。

水中の場合、単細胞の小さなプランクトンには決定的な有利さがある。光は深いところまでは届かない。だから光合成生物は沈んではいけない。一般に生物の比重は海水よりも大きいため、どうしても沈んでしまう。ところが、小さな植物プランクトンはなかなか沈まないのである。

バケツに土と水を入れ、よくかき混ぜたあと放置してみよう。まず小石が沈み、次に砂が沈む。しかし、粒子の小さな粘土はなかなか沈まない。そのため水はいつまでも濁ったままだ。単細胞の植物プランクトンが沈まないのはこれ

水田や沼にはウキクサなどの浮遊する植物が見られる。しかし、海や川にはこのような植物はいない。植物に限れば、水の世界の主役は単細胞のプランクトンだ。

と同じ原理が働くからだ。小さなものは重量あたりの表面積が大きくて抵抗がかかりやすく、沈みにくいのである。非常に小さな植物プランクトンは一年間に二ミリほどしか沈まないらしい。

私は東京大学の本郷キャンパスにある三四郎池の周りで生態学の授業をすることがある。ある年、水面に浮かぶ落ち葉を見て一人の学生がひらめいた。

「落ち葉のように空気を含んだ植物ならば海で最強だ。沈まないし、強い光を使えるのだから」

だが直後、自分自身で否定してしまった。

「こいつら、風が吹いたら浜に打ち上げられるんだよな。やっぱりダメか」

学生が考え、そして優位性を否定してしまった水面に浮かぶ植物としては、ウキクサやホテイアオイが有名だ。これらは茎を作る必要がないため、多細胞の植物のなかでは成長が速い。しかし、水の動かない田んぼや沼でしか生きていくことはできない。

沈まないし、強い光は使えるし、成長は速い。しかし、いかんせん生きていける場所が少なかった。

エアプランツ

最近、エアという言葉には「架空の」というニュアンスがついて回る。ギターを持たず、弾いたふりをするのはエアギターだし、アイドル業界にはエア握手というのもあるらしい。

でも、エアプランツは実在だ。もともとは樹皮などに着生する植物だが、メキシコなどの乾燥地帯には電線にぶら下がって生育しているものもある。そのため、空中の植物と呼ばれるようになった。

乾燥地帯には地中深く根を伸ばす植物が多い。深い場所でないと水がないのだ。そんなに乾いた所でなぜエア？

逆説的だが、乾燥地帯だからこそエアプランツは生きていける。乾燥していると、赤外線が地上から宇宙空間に出ていきやすい。熱が赤外線として宇宙空

小石川植物園のエアプランツ。露の降りない温室の中なので、
潅水は欠かせない。

間に逃げていくのである。そのため、昼間は暑くとも、明け方にはかなり気温が下がる。乾燥地帯でも、気温が下がれば水蒸気が飽和して結露する。この水分がエアプランツの糧となる。

一方、湿潤な場所では赤外線が水蒸気に吸収されるため、熱が宇宙空間に出ていきにくい。そのため、気温が下がらず、露の降りない日が多くなる。こうした理由で、日本のような湿潤な場所にエアプランツは見られない。

このような結露の仕組みを知らないでいると、エアプランツの栽培に失敗する。恥ずかしい話だが、私も研究室でエアプランツを枯らしてしまったことがある。研究室は一日中一定の気温に調節されているため、露は降りない。それを忘れて、水やりを怠ってしまったのである。

赤外線が宇宙空間に出ていって気温が下がることを、放射冷却という。放射冷却を妨げるのは水蒸気だけではない。二酸化炭素も赤外線を吸収するため、放射冷却を抑制する。大気中の二酸化炭素濃度が上昇すると温暖化が進むといわれるのは、こうした理由による。

ちなみにエアプランツと呼ばれる植物はパイナップルの仲間。とはいえ、空中にパイナップルの実ができるわけではない。

エアプランツ、その後

中南米に分布するエアプランツの水問題は解決できた。乾燥地帯では放射冷却によって明け方の気温が下がり、湿度が一〇〇%となる。そのときに空気中から水分を吸収するというわけだ。

だが問題はまだ残っていた。植物は水と二酸化炭素だけ取り込めれば成長できるわけではない。窒素やリン、そしてカリウムなどの元素も必要だ。樹木の樹皮に張り付いているエアプランツならば、そういった元素を樹皮から吸収している可能性もある。しかし、エアプランツは電線にぶら下がっていても成長していく。どうやって必要な元素を取り込んでいるのだろうか。

以前から知られていたことではあるが、雨の中にはさまざまな元素が含まれている。植物の窒素源となる硝酸イオンやアンモニウムイオンはもとより、リン酸イオン、カリウムイオンなども雨に含まれている。正確に言うとエアロゾルという微粒子として空気中に漂っており、雨や雪などに溶け込んで降ってくるのである。

火山の噴火跡地に侵入するイタドリの窒素源は、雨の中の硝酸イオンやアンモニウムイオンである。これらは空中放電や燃焼過程で生じる。しかし、他の元素の起源はなかなか特定できない。地表面にある落ち葉などの断片や、海の波しぶきが巻き上げられたりするのかもしれない。分析してみると、ナトリウムや塩素などもけっこう含まれているので、波しぶきもそれなりに貢献しているようだ。

つまりエアプランツは、さまざまな元素を含む雨、あるいは空気中のエアロゾルそのものを取り込んで成長している。もちろんこうした元素は微量であり、エアプランツの成長は非常にゆっくりとしたものとなる。

ここでさらなる疑問が出てきた。地上の植物にとって雨はどの程度の栄養源となるのだろうか。肥沃な生態系では落ち葉と植物との間での窒素やリンの循環ができ上がっており、雨の効果は非常に少ない。問題は火山の噴火跡地である。火山灰は窒素を含まないし、リンは植物が利用しにくいリン酸アルミニウ

電線にぶら下がっているエアプランツ。エアプランツが必要とする窒素やリンなどはすべて空気中のエアロゾルに由来する。おそらく、とろろ昆布に見えるサルオガセも同じ生き方をしている。

ムやリン酸鉄となっているからだ。

そこで、火山灰にイタドリを植え、純水だけ、雨だけを与えて成長を比べてみると、雨を与えたイタドリのほうがよく育つことがわかった。リンに関して言えば、火山灰と雨からほぼ半々のリンを吸収していたのである。これはさまざまな火山灰で同じような結果となっていた。窒素だけでなく、リンの場合も雨の貢献度がけっこう高かったのである。これは、ある大学院生の発見だ。

実はエアプランツ以前にも、同じような疑問をもっていた。群馬県と新潟県の県境にある谷川岳は、最近まで「世界一の遭難者数」で有名だった。東面の一の倉沢や幽の沢はロッククライミングで人気があり、転落事故が後を絶たない岩壁だ。

事故は垂直に切り立った断崖だけで発生するわけではない。一の倉沢も頂上に近づくと傾斜が落ちてくる。そこはもともと蛇紋岩の一枚岩だ。その上にうっすらと土壌有機物が堆積しており、草原となっている。登山用語では草付きという。これは剝がれやすく、剝がれ落ちた草と一緒にクライマーも落ちていく。四〇年ほど前、私もこの転落を経験している。蛇紋岩は風化しにくいため、草付きの植物は蛇紋岩から元素を得ることはできない。この草原で循環する元素はどこからやってきたのだろうか。これが、疑問の出発点だった。

谷川岳での転落事件、エアプランツなどが伏線となり、雨が生態系の発達に貢献している可能性に気付くことができた。生物学、特に生態学は目で見える現象を扱う分野である。だから、研究を進めるためにはさまざまな実体験が必要だ。

槍ヶ岳再訪

久しぶりに北アルプスの槍ヶ岳に登る機会があった。大学院生たちと一緒に藪をかき分け、沢を何度となく徒渉し、岩をよじ登り、雷雨に叩かれながら三日間を過ごした。

高校生のとき、そして大学の学部生の頃にも槍ヶ岳に登っているのだが、植物に関する記憶はほとんどない。覚えているのは、きれいな高山植物がたくさんあったなあという程度だ。無理もない。あの当時、私が山を見る尺度は、高いか、急峻かというものでしかなかったからだ。植物についての記憶のなさは「理論負荷性」の良い例である。何らかの理論をもって自然を見ないかぎり何も見えない、ということだ。

それから何十年か経ってみると、植物についていろいろなものが見えてくる。

槍ヶ岳付近で見かけた白く小さなシコタンソウの花。自然の中に真っ赤な花が少ないのは、訪花昆虫が赤色を認識しにくいからだ。

写真のシコタンソウは白い花だが、これに限らず、虫を呼ぶ花の色には緑と赤がほとんどない。訪花昆虫は赤がよく見えず、緑は葉の色に紛れてしまう。だからこのような花の色は進化できない。例外は鳥を呼ぶ花だ。鳥は赤によく反応する。だから鳥に花粉を運んでもらうツバキやハイビスカスの花は真っ赤なのである。数は少ないが、緑色の花もある。アオヤギソウやトンボソウがその例だ。これらは虫を色で引きつけるのではなく、匂いで呼び寄せると聞いた。まだ研究の進んでいない領域だ。

ところで、シコタンソウの花は一重だ。野生の花に八重はまずない。詳しくはもう少し後で述べるが、進化はそうした無駄を好まない。

生態学の理論を学ぶことで、かつては見えなかったものが見えてきたわけだが、この理論も完全というわけではない。さらに何十年か経つと理論がさらに深化し、また新たな発見があるのだろう。

一緒に槍ヶ岳に登った大学院生たちの目には何が映ったのだろうか。彼らは学部生のときの私よりも理論をよく知っている。彼らが研究者として独り立ちした頃、槍ヶ岳で何を見たのか聞いてみたいと思っている。

常磐緑

常磐緑《ときわみどり》とは、常緑樹の葉の濃い緑色のことだ。常緑樹の葉の寿命はときに一〇年にも及ぶ。一枚の葉を長く使うためには、葉を丈夫にする必要がある。そのため、葉は厚くなり、結果として緑色が濃くなる。

常緑樹の成長は落葉樹よりも速いはず。一年じゅう葉をつけているのだから。そう思うのが自然だ。しかし実際は、公園などの開けた環境の場合、常緑樹の成長は落葉樹よりもかなり遅い。

それに対し、落葉樹の葉は短命なので丈夫さを必要とはしない。落葉樹は耐久性のない薄い葉をたくさん作り、常緑樹よりも広い範囲の光を集める。そのため、一年の半分しか光合成ができなかったとしても、落葉樹は常緑樹よりも年間の光合成の量が多くなるのである。

落葉樹林の林床で育つ常緑のモミの子供。主な光の稼ぎ時は、
落葉樹の葉が落ちて明るくなった秋から春の間だ。

では、常緑であることの意義は何なのだろうか。日本における常緑樹のメリットは、落葉樹林の冬の林床にある。夏には暗いその林床も、冬はかなり明るい。常緑樹の稚樹は、冬の間にそこで光合成を行って大きくなっていく。

一方、冬に葉を落としてしまう落葉樹の稚樹は、落葉樹林林床の冬の明るさを利用できない。そのため、落葉樹の稚樹は親の林床ではなかなか大きくなれない。落葉樹の林床で大きくなれる常緑樹は、やがて落葉樹に代わって森の主役となる。

盛者必衰の理は森林でも貫かれる。主役となった常緑樹もいつかは枯れる。常緑樹が倒れた跡の林床は一年じゅう明るくなり、今度は落葉樹がそこで旺盛な成長を示す。こうして落葉樹↓常緑樹↓落葉樹という森のサイクルが完成する。

落葉樹と常緑樹の間に厳しい競争はない。厳しいのは落葉樹どうし、常緑樹どうしの競争だ。似たものどうしだからこそ競争は厳しいのである。

数年前、先進国を対象とした成人の学力調査の結果が発表された。筆者の予想通り、日本は一位。能力の高い人たちが似たような生き方をする日本。競争はどうしても厳しくなりがちだ。

同じ常緑樹でも

日本のようにに四季のはっきりとした温帯では、冬に葉を落とす落葉樹と一年じゅう葉をつけている常緑樹が混在する。常緑葉のメリットは落葉樹の林床で秋から春にかけて光合成を続けられることで、常緑樹は落葉樹の下で着実に成長できる。常緑樹を十把一絡げにすればこのように書けるのだが、個々の種は一筋縄ではいかない。一枚の葉の寿命（葉のついている期間）は種によってさまざまなのである。

クスノキの場合、春に新葉が展開すると同時に古い葉の落葉が始まる。クスノキの葉寿命は一年である。対極にあるのがアスナロだ。ヒノキの仲間であるアスナロは、特に北日本の山地に多く分布し、葉寿命は九年もある。モミは七年程度、ツバキは四年程度、カシの仲間は三年程度と、クスノキとアスナロの間に多様な葉寿命をもった種が存在している。

葉の厚さも多様だ。わかりやすくいえば厚さだが、実際には単位面積の葉を作るのに必要な有機物の量である。そして、葉寿命と葉の厚さの間には強い関係がある。葉寿命の短い葉ほど薄く、長い葉ほど厚い。風などの物理的な負荷に耐え、また食害にも耐えて長い葉寿命を実現するためには厚い葉が必要とされる。

ここで生じる疑問は次のようなものだろう。葉寿命が違うとその生存戦略にどのような違いがあるのか？　実測によってこの疑問に答えるには長い時間が必要だ。そこで理論的に戦略の違いを解析することにした。

葉が薄くて葉寿命の短い種の長所は、明るい環境で急速に成長できることだった。同じ重さの有機物で葉を作るならば、薄い葉のほうが広い葉面積を実現できる。そうすると光を効率的に捕捉し、急速に成長する。その一方で、一過的に非常に暗くなった環境には弱い。実生《みしょう》に落ち葉が被さったような場合、この落ち葉が飛んでいったり分解されたりするまでの数年の間、葉はほとんど光合成を行うことができない。一年で葉を落としてしまえば、しばらくは光合成ができず、おそらく枯死してしまうだろう。

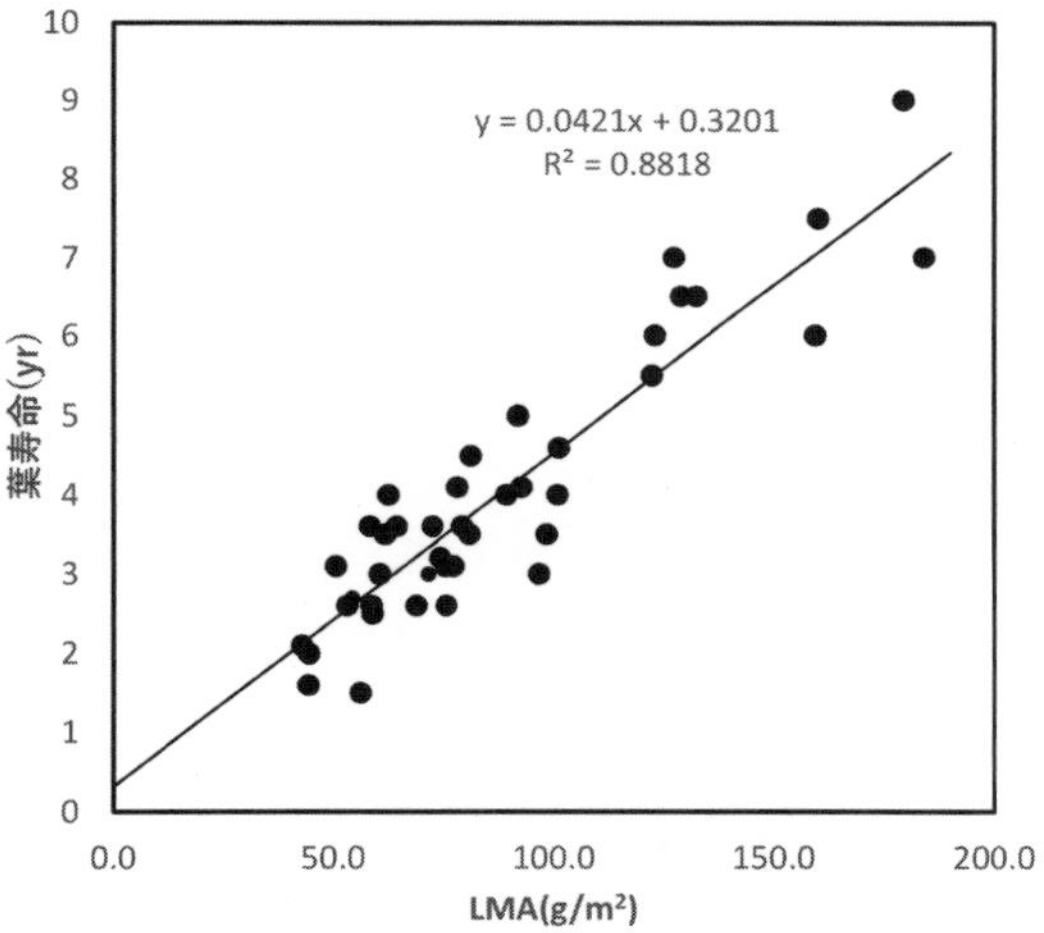

常緑樹における葉の厚さと葉の寿命の関係。LMAは1平方メートルの葉を作るために必要な有機物の量である。これが大きいと葉が厚くなっていく。そして葉の寿命も長くなっていく。この関係は本州でも沖縄でも、そしてチリでも同じだった。

葉が厚くて葉寿命の長い種は逆である。明るい環境でも成長は遅い。しかし、数年程度の光環境の悪化には耐えられる。葉が落ちないので、状況が改善されれば光合成をすぐに再開できるのである。

アスナロの仲間にヒノキアスナロがある。江戸時代、津軽藩や松前藩はヒノキアスナロを財源としていた。長い葉寿命をもつアスナロやヒノキアスナロは成長が遅く、柱として使えるようになるまでに長い年月がかかったはずである。日光植物園のアスナロも成長は非常に遅い。それに対し、スギは葉寿命が三年程度であり、アスナロよりもかなり短いため、成長はアスナロより速い。スギが生きていける場所ならばスギを育てるほうが効率的だ。だからスギが人工林の主役となったのだろう。葉寿命はいろいろなことを教えてくれる。

ヤマグルマの先祖返り

植物には根から葉へと水を供給するパイプがある。古いタイプの裸子植物は仮道管《かどうかん》、新しいタイプの被子植物は道管をもつ。

後発の道管には成長に有利な点があった。夏の間、植物は葉の気孔を開いて二酸化炭素を取り込み、有機物を合成する。そのとき、気孔からは大量の水蒸気が出ていく。道管は仮道管よりも太く、葉で失われる大量の水をたやすく補給することができた。被子植物は道管のおかげで水不足を回避できるようになり、成長が速くなった。中世代以降、被子植物は成長の遅い裸子植物を駆逐していった。

しかし、道管には不利な点もある。道管をもった常緑樹の場合、寒冷地では冬に葉の脱水というトラブルが起きる。気温が氷点下になると道管内の水は凍

福島県七ヶ岳山頂のヤマグルマ。亜高山帯の常緑針葉樹である
オオシラビソに混じって生きている。

結し、気泡が入る。氷が解けたあとも気泡は残って吸水を妨げ、葉は水を失うのである。管に気泡が入って水の移動を妨げる現象全般をエンボリズムという。血管に気体が入って血流を妨げる現象がその語源となっている。

裸子植物のもつ細い仮道管には気泡が入りにくい。そのため、寒冷地には（光合成に不利であっても）仮道管をもった常緑の裸子植物が残った。これがスギやヒノキに代表される常緑針葉樹である。

常緑樹の場合、夏の高い成長速度と寒冷地での生存は両立しない。こういった二律背反をトレードオフという。生物の世界が多様である原因の一つは、不可避なトレードオフの存在だ。トレードオフがあるゆえに、全能の生物は進化できないのである。

被子植物なのに仮道管しかもたないのがヤマグルマだ。私が学生の頃は原始的な被子植物と考えられていた。しかし最近、道管を失って仮道管に戻った比較的新しい被子植物であるということがわかってきた。先祖返りした結果、ヤマグルマは常緑樹であるにもかかわらず、寒冷な亜高山帯近くまで進出した。ここはもう常緑針葉樹の本拠地である。

ロゼット

冬に氷の張る地方では、冬の草たちに茎はない。葉だけが地面に広がっている。これをロゼットと呼ぶ。

ロゼットを作る理由は二つある。一つは、葉の温度を上げることだ。冬の晴れた日中、地表面は大気よりも温度が高い。そのため地表面近くの葉は暖まり、光合成を盛んに行うことができる。

もう一つは、冬の間も吸水するためだ。前項で紹介したように、茎が凍ると水を通す道管の中に気泡ができる。解けたあとも残った気泡が水の移動を妨げ、葉は枯れてしまう。茎がなければ気泡ができず、水が吸えるのである。実は、葉の葉脈にも道管はある。ここが肝心なのだが、葉脈の道管は非常に細くて気泡ができにくい。こうした理由で、葉だけのロゼットならば冬を越せる。

八重咲きのバラに似ているからロゼット。これはマツヨイグサの仲間。

外来種であるセイタカアワダチソウは、夏と冬でまったく違う形をとる。名前の通り夏は背が高いが、冬に茎が枯れたら、その根元を見てみよう。しっかりとロゼットを作っている。体の形を変えることで、葉を一年じゅう維持しているのだ。太平洋側の冬の最低気温はけっこう低い。その一方、昼間は気温が上がり、光合成ができる。こんな環境がロゼットも作るセイタカアワダチソウにとって好都合で、太平洋側での繁茂につながった。

在来種のアキノキリンソウはセイタカアワダチソウの仲間。これは多雪山地に生育していて、ロゼットは作らない。多雪地では冬に光合成をすることはできないからだ。

早春にヨモギの葉で作る草餅を、筆者は春の使者だ、と思っていた。だが、草餅に用いるのはヨモギのロゼット葉。だから、真冬にだって草餅は作れる。これに気付いたとき、ちょっとした喪失感と知的な満足感の両方を味わった。

ロゼットの語源はローズ。たしかに、ロゼットは八重咲きのバラのようでもある。面白いことに、八重咲きのバラは人間の作り出した園芸品種にしか見られない。なぜ自然の中に八重咲きがないのかって？　続きは次の項で。

八重の桜、一重の桜

野生のサクラはすべて一重咲きだ。他の植物でも自然の中の種に八重咲きはない。花の作られる仕組みと、一重の生態的な意義を紹介しよう。

まずは仕組みから。萼《がく》、花弁、おしべ、めしべを作り分けるのに必要な遺伝子は基本的にA、B、Cの三つしかない。Aだけが働くと萼が、AとBが働くと花弁が、BとCが働くとおしべが、Cだけが働くとめしべができる。

ABCの中のC遺伝子が突然変異によって機能を失うと、萼とたくさんの花弁だけができてくる。基本的に、C遺伝子が壊れることが八重咲きの正体だ。こうした理由から、八重咲きでは子供を残せない。そのため、接ぎ木などで人間が増やしていくしかない。

次は意義について。実際には、おしべやめしべを少しは作れる八重咲きもあ

野生のサクラは一重（日光植物園ホームページより）。花にやってくる虫には一重でその存在を十分にアピールできる。

る。しかし、これでも自然の中で生きていくのは難しい。花弁を多くするとおしべが少なくなってしまい、花粉を十分に作れずに競争に負けてしまうからだ。花弁は少ないほど良いのである。

では、花弁はどこまで減らせるのだろうか。花弁はハナバチなどの虫に対して「蜜があるよ」というアピールをしている。そのためには花全体の面積が大切なので、外側に一重の花弁を作れば十分。というわけで、自然の中では一重の花だけが生き残る。

一方、八重咲きの花は美しい。江戸時代、政情が安定し、産業が発達してきた折、余裕のできた町民のなかに八重咲きのコレクターが現れた。ミスミソウ（雪割草）の変異は有名で、八重咲きの品種がたくさん保存され、専門の本まで出版されている。サクラソウの品種にも江戸時代から伝わるものが多い。八重は人間の庇護の下に花開いているのだ。

ところで、人間のまぶたも一重と二重がある。北東アジア人の厚ぼったい一重まぶたは寒冷地適応の結果だともいわれる。ついでに低い鼻も。これらは花の一重についての説明ほどには説得力を感じないのだが、どうだろう。

動物の天寿、植物の天寿

細胞には一生のあいだに多くの突然変異が生じる。そのなかには生存にとって有害なものもある。おそらく、動物の寿命には有害な突然変異の蓄積が関係している。原因は突然変異だけではないにせよ、加齢とともに起こる生理機能低下といった避けることのできない老化が、動物の天寿を決めると考えてよいだろう。

植物の場合、天寿は幹を腐朽させる菌類（カビ）との力関係で決まる。硬くて重い幹を作る植物は、菌類が侵入しにくいため、寿命が長い。これに対し、軟らかくて軽い幹を作る植物は、菌類に侵されやすく、寿命が短い。

しかし、寿命の短い軽い幹には速く成長できるという利点がある。一方、重い幹は長寿だが、どうしても成長は遅くなる。植物の長寿と成長速度との関係

屋久島の縄文杉は今でも種子を付ける。老いてますます盛ん。
ひねくれてグラマラスな幹には近寄りがたい威厳がある。

も、トレードオフ（二律背反）となっている。

短命だが速く成長するサクラのような植物は、明るい場所でこそ持ち味が生きる。暗ければどうしても成長は遅くなるからだ。そして、早めに花を咲かせて種子を残す。

他方、常緑樹の話で紹介したように、長命だが成長の遅い植物は明るい場所だと発芽初期の競争に負ける。そのため、暗い林床で成長するしかない。そこで地道に成長し、何十年もの幼年期を経てやっと開花する。木刀を作る非常に硬いカシもこうした植物である。

長寿といえば何といってもヤクスギだが、若いときに作る幹と年老いてから作る幹の性質はまったく違う。若いときは軽く軟らかいが、年を経るにしたがって重く硬くなっていく。こうなると簡単には腐らない。ヤクスギの工芸品はこの重い幹で作られたものだ。現在は伐採が禁じられているため、土の中に埋まっている枯れ木を掘り起こして加工するのだという。

ところで、気になるのは植物の突然変異だ。植物ではそれが原因と考えられる老化はまず見られない。常々この理由を知りたいと思っているのだが、悩ましいのは老化していく自分。少年老い易く学成り難し。

コンプリート癖と博物学

コンプリート癖はヒトの遺伝子に刻み込まれているらしい。子供たちはポケモンをコンプリートしたがり、大人になるとさらに収集する対象が広がる。それを学問の領域にまで高めたのが博物学といってもよい。博物学の起源は古代ギリシャまで遡ることができる。アリストテレスも博物学者の一人である。

世界中の植物すべてに学名を付け、その特徴を記載しようという近代的な博物学は一八世紀のリンネに始まった。学名にはそれぞれ意味があり、姓↓名の順序で付けられている。これはリンネの業績である。日本の植物収集は江戸時代に始まり、シーボルトたちが精力的に行った。彼らの後継者が牧野富太郎だった。

牧野富太郎はテレビドラマの主人公になり、その人生は多くの書籍でも描か

牧野富太郎が日光で命名したニョホウチドリ。ランの仲間であり、薄紫色の可憐な花が特徴だ。個体が小さいためか、ライバルの少ない岩壁に多く見られる。

れている。ここでは彼のコンプリート癖についてだけ書いておきたい。移動が楽ではなかった時代、彼は一五〇〇種以上の新種を収集して命名し、何十万枚もの標本を所蔵していたという。彼に並ぶ人物は江戸時代に日本地図を作った伊能忠敬くらいだろう。彼は全国をくまなく歩いて日本をコンプリートした超人だ。彼らは究極のオタクであり、出会うことがあったら話が弾んだと思う。

彼らと違い、私にはコンプリート癖がない。牧野富太郎と同じ植物園勤務なのに、である。私の仕事は、既知の現象の裏に潜む仕組みを推測し、それを確かめること。趣味の登山の世界でもそれは同じだ。友人のなかには日本百名山のコンプリートを達成し、現在は三百名山のコンプリートに挑んでいる猛者がいる。私は同じ山を違うルート、できれば難しいルートで登るのが好きだ。

私に博物学者としての才能がないこともあって、先人たちの博物学的研究には最大限の敬意を払っている。どのような研究も現象の徹底的な記載から始まる。そして、その中に潜む一般性を抽出する。このときにやってはいけないのが、例外を記載から抹殺してしまうことだ。あとになって「例外こそが本質だった」ということがよくある。研究を進めていくとき、すべての記載を平等に残していくのが大切だ。

例えば日本の植生について。高校の教科書では、冷温帯の植生を落葉広葉樹林としている。現存する森林がブナなどの落葉広葉樹中心の森林だからである。しかし、植生学者たちはこの気候帯にも常緑針葉樹が分布していることを正確に記載していた。二一世紀に入ると歴史学者たちが古文書を検討し、冷温帯は常緑針葉樹の多い森林だったことを示し始めた。具体的には、スギやヒノキの本拠地が冷温帯だったのだ。江戸時代の伐採で、これらの多くが失われてしまったことも古文書から見て取れる。

もし、植生学者が残存する常緑針葉樹の存在を記載しなかったなら、歴史学的な植生研究と現在の植生研究との間には齟齬が生じたままになったはずだ。しかし、「例外」として無視してしまいそうな常緑針葉樹の存在が記載されていたことで、冷温帯の本来の植生と歴史的変遷についての理解が進んだ。こうした博物学的な研究があったおかげで、私の研究室の大学院生が「常緑針葉樹が冷温帯林の一つの主役となれる理由は何なのか」という問題に挑戦できたのである。

脳はなくても

植物と動物の違いを聞かれたとき、何と答えるだろうか。まず動けるかどうか、次に光合成ができるかどうか、というのが一般的な相違点だろう。私はそれに続けてぜひ脳の有無を挙げたい。

動物と違って植物には脳がない。つまり司令塔がない。にもかかわらず、植物体は有能な指揮者がいるかのように統合されている。

地上部と地下部の大きさを見てみよう。土の中に栄養となる窒素が足りないとき、植物は根を大きくし、窒素の吸収を優先する。また、暗い環境では、地上部を大きく展開し、光の捕捉を重視する。このとき実現される地上部と地下部の比率は、それぞれの環境で成長速度を最大化するための理論的最適値に近い。なんと巧みなことか。

明るい場所（左）と暗い場所（右）のモミの稚樹。根の大きさがまったく違う。

植物個体を成長に最適な状態に統合するための仕組みについては、ほとんどわかっていない。脳のない植物では、それぞれの器官が自分で外部環境と植物体全体の状態を把握する。それに基づき、各器官がなすべきことを決定して実行する。このように動物とは異なる統合の仕組みを理解するのは、けっこう難しい。

理解のための方法の一つは、コンピュータ上に植物を再現し、最も「単純」な統合方法を探索することだ。そこには、生物の進化はシンプルで少ない手数を好む、という前提がある。少々哲学的だが、これは生物を見るときの基本でもある。

計算と実測の結果、地上部と地下部の制御には既知の物質二つが関与しているらしい。そのうちの一つはノーマークだった。でも未知の情報伝達物質があと一つはあるらしいので、半歩前進というところか。

東大構内では数年に一度、イチョウの大枝がばっさり切られてしまう。その後しばらくは無残な姿をさらすが、やがて枝葉が伸びて元に戻る。擬人化すれば、「やけに葉が少ないなあ。すぐに葉を増産しよう」と判断しているからだ。植物もかなり賢い。

植物の眼

小学生のとき、ホウセンカの栽培で大失敗をやらかした。土に穴を開けて種子を播き、ていねいに土をかけた。毎日水をやったのに、いつまでたっても発芽しない。土をかけなかった友人の種子はすぐに発芽したのだが。

失敗の原因にあたりがついたのは大学三年のときだ。種子には、光が当たると発芽する光発芽種子があることを知った。おそらくあのホウセンカは光発芽種子だったのだ。

深い土の中で発芽してしまうと、芽は地上まで出られない。だから、光発芽種子は土が掘り起こされたりして地表近くに出てきたときだけ発芽する。それだけではない。光発芽種子は、光の色によっても発芽したりしなかったりする。

光発芽種子の発芽には、フィトクロムというタンパク質が関係している。フ

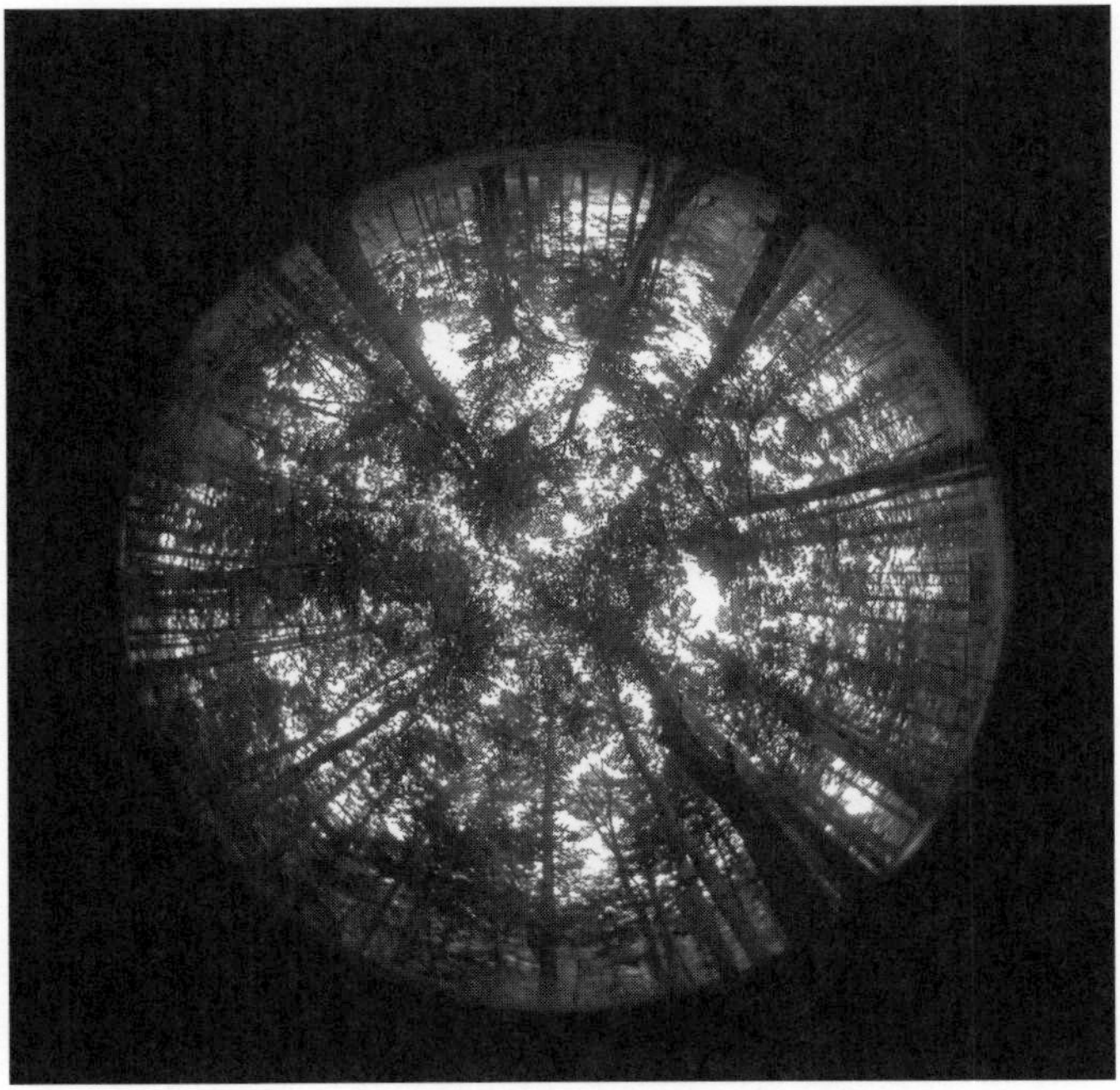

魚眼レンズで上方を撮った全天写真。これは林の中で撮ったものだ。植物は上からやってくる光の強さだけでなく、色も見ている。

ィトクロムは光の色を識別する。これを使うことで、光発芽種子は赤色の光が多ければ発芽し、真っ暗か、あるいは赤色よりも波長の長い光（遠赤色光）が多いと発芽しないようになっている。

写真のように上空に葉が生い茂っているとき、植物に届く光は弱く、同時に、赤色光よりも遠赤色光の割合が多くなる。葉は赤色光を吸収するが、遠赤色光は吸収しにくいためだ。光の弱い環境では、強い光を必要とする植物は生きられない。この植物の作る光発芽種子は、遠赤色光の多さをもとに光が弱いことを察し、発芽をやめる。そして、上を覆う木が倒れ、赤色光の多い強い光がやってくるのをひたすら待つ。ときには何十年も。

フィトクロムは日長も測定しており、開花時期を決めるためにも使われている。また、ライバルの存在を知ることにも使われる。ライバルの葉が自分の周りにあると遠赤色光が多くなるのだ。このとき、植物は伸長成長速度を高めて光をめぐる競争に備える。

植物は他にも光を感じるタンパク質をもっている。こうしたタンパク質はさながら植物の眼のようなものなのである。

木の根とガリバーの髪

高校の教科書では、根は重力の方向に伸びていくことになっている。発芽後しばらくの間、たしかに根は下向きに伸びていく。この根を主根という。問題はそのあとだ。植物園の大きなモミが倒れたとき、主根は見あたらなかった。そして大半の根は下ではなく斜面に沿って伸びていた。植物が大きくなると、根は重力の方向とは無関係に伸びるようになるのである。植木屋さんのように常に根を見ている人にとって、このような根の伸び方は常識なのだろう。しかし、教科書だけを読んでいては現実を知ることは難しい。

大きな木が倒れずに立っているのは、横方向に伸びた細い根が幹を支えているからだ。小人の国で捕らえられ動けなくなる『ガリバー旅行記』の場面を思い出そう。ガリバーの長い髪の毛は四方に伸ばされ、その末端は小さな多数の

雨で表土が洗い流されたミズナラ。根は土の表面近くを放射状に広がっており、下向きに伸びる太い根はない。

杭に結びつけられていたはずだ。幹から横に伸びた根はこの髪の毛のようなものだ。そして根の先端が土に食い込み、これが杭の働きをしているのである。

視点を変え、根を植物栄養学的に見てみよう。根を表層近くに作ることは、栄養の吸収にとっても合理的だ。植物の利用する無機窒素は、有機物の多い地表面近くにしかない。浅い根は、これを効率的に吸収するのに役立つのである。

しかし、土の表層に根を伸ばす仕組みはよくわかっていない。ただ、前項で紹介したように根が光を感じるタンパク質をもっていることはヒントとなる。光を感じると「浅すぎるから少し下向きに」根を伸ばし、光を感じなくなると「深すぎるから少し上向きに」根を伸ばすことで土の表層に根を配置しているのかもしれない。

世界には、根の伸長方向がほとんど下向きという植物もいる。乾燥地の植物だ。ここでは土の深い場所にしか水は存在しない。その根は、場合によっては深さ一〇メートルにも達する。

＊その後の研究で、根は無機窒素と無機リンのあるところに伸びていくことが明らかになった。無機リンは土壌表面にある落ち葉から供給され、無機窒素はその下の腐植から供給される。そのため根は浅い場所に形成されるのである。

枝の独立自尊

初秋、ケヤキやカエデの一部の枝で葉が茶色くなってしまうことがある。本来の紅葉の時期よりもかなり早い。そうした枝をよく見ると、種子がたくさんついているはずだ。種子を実らせるとき、近くの葉に含まれていた栄養が使われるため、栄養を失ってスカスカになった葉は紅葉の時期を待たずに枯れてしまう。

種子を作る枝を個体全体で助ければいいのに、と思うかもしれない。しかし、枝は自分の葉が作り出した有機物を他の枝にまわさないし、また受け取ることもないのだ。枝はいわば個人事業主のようなもの。独立自尊というべきか。

なぜ他の枝を助けないのか、という疑問に取り組んだ大学院生によると次のような理由だ。日陰になった枝を支えるのは植物体全体にとってマイナスだ。

手前の枝は紅葉の盛りだが、同じ個体から出ている上の枝はすでに葉が落ちてしまった。

光合成できない日陰の枝は呼吸しかしないのだから。そのため、こうした枝を支えることはせず、枯れるに任せる。一方、日の当たる枝は自力で大きくなれるから、助けは必要ない。ちなみに、根から吸収された無機養分は日陰の枝はもらえず、旺盛に成長する枝が使ってしまう。

枝から枝へという有機物の移動はないが、枝は自分より下にある幹と根には有機物を送る。幹や根がしっかりしていなければ枝も生きていくことはできないからだ。これは税金のようなもの。身勝手に見える枝だが、勤労（光合成）と納税（有機物の下部への供給）という義務はきちんと果たしている。

日陰の枝が黙って枯れていく理由について、もう少し書いておこう。個体のすべての細胞は同じ遺伝子セットをもっている。この場合、日陰の枝は、自分が見捨てられても個体全体として成功し、共有している遺伝子セットが次世代に受け継がれれば本望なのだ。

さて、人間社会ではどうだろう。社会を構成する私たちは、それぞれが異なる遺伝子セットをもっている。この場合、社会とか国家のために進んで犠牲になることは難しい。ただし、遺伝子を共有する家族がそこにいれば話は別だ。

水はどうする、ジャックの豆の木

雲の上まで豆のつるが伸びていく童話『ジャックと豆の木』。この豆の木が水を雲の上まで運び上げている仕組みについて考え始めると夜も眠れない。これが芸人さんのネタだったら笑って楽しもう。もともと空想の世界での話だ。しかし、現実は笑い事ではない。

アメリカ西海岸に分布するレッドウッドは一〇〇メートル以上の高さにまで成長する。日本で最も背の高い樹種はスギであり、六〇メートルを超える。これらの高木がどうやって水を得ているのか、と面と向かって問われたら、私は答えに詰まる。

なぜ悩ましいかというと、物理学と現実の間に齟齬があるからだ。植物は、葉が水を高さ一〇〇メートル以上にまで吸い上げている。しかし、これは物理的に不可能に見える現象だ。というのは、ポンプを使って上から水を吸い上げる場合、一〇メートルが高さの限界だからだ。それ以上引き上げようとすると上部に真空が生じてしまい、水は上がってこない。これは水分子が集まろうとする能力（凝集力）の限界によって決まっている。

でも、高層ビルの最上階でも水が使えるではないか、という疑問が出てくるだろう。こうしたビルでは下から押し上げるポンプによって水を運び上げている。しかし、植物は基本的に吸い上げるしかない。そこが問題だ。毛管現象で水が上がるという可能性もあるが、それでは量的にとうてい追いつかない。植物は大量の水を必要としているからだ。東京付近の場合、降水量の半分は植物が吸い上げている。これだけの水を毛管現象で供給することはできない。

生物も物理法則の範囲でしか生きられない。物理法則に抵触せずに水を吸い上げる仕組みは何かという問題について長いこと考え続け、黙って実験してきた。水を引き上げる仕組みを研究していると公言したら「あいつは焼きが回った」という評価を受けかねないからだ。

最近、三〇メートル程度までなら水を吸い上げる装置を作ることができた。これはシンプルなもので、ただポンプによって吸い上げるだけだ。このやり方

レッドウッドは高さ100mを超える木のてっぺんまで水を引き上げる。これは生物学における謎の一つである。水は10mを越えて吸い上げることはできないという物理的制約があるからだ。植物は長い試行錯誤の上でその回避策を見つけた。あるいは、進化の初期から偶然にその回避策ができてしまっていたのかもしれない。

ならば物理法則に抵触せず、原理的には一〇〇メートルでも問題なく水を吸い上げることができる。おそらくジャックの登った豆の木でも大丈夫だ。研究室の大学院生たちに確認してもらい、学部生の前でも公開実験をした。一〇メートルを超えて水を吸い上げられるという事実に間違いはない。しかし、それを物理学の言葉で表現することができていない。むしろ毛管現象の生じない状況が重要なのだが……。

さらに、これが実際に植物で機能しているのかどうかもテストしなければならないが、高木では水の動きが見えない。幹が不透明だからである。見えるとしたらつる性の草本だけだろう。今年、ニガウリを使ってのテストを始めた。

植物でのテストは自力でできる。しかし、物理学の部分は誰かにお願いするしかない。その点については自分の非力さを痛感している。とはいえ、わくわく感が止まらないのも事実だ。これがあるから研究は止められない。

ツリフネソウの学名

ツリフネソウはありがたくない学名をもらってしまった。学名は姓（属名）と名（種小名）でできているのだが、ツリフネソウの仲間の属名は*Impatiens*だ。この仲間、園芸店ではインパチエンスと属名そのままで販売されていることが多い。英語で書けばimpatientで、つまり癇癪持ち。ツリフネソウの果実に触るとパチンとはじけて種子を飛ばす。これが学名のいわれらしい。ホウセンカも同じ属名だ。

以前、この癇癪のおかげでどれくらい種子が飛ぶのかを測定した人がいた。たしか最大で二メートルほどだったと思う。はじけ飛ぶことで少しずつ勢力範囲を広げられるわけだ。風で飛ぶように進化すればもっと遠くまで行けるだろうに、と思うかもしれない。湿った沢沿いという限定された環境に多いツリフ

ツリフネソウの仲間であるキツリフネの花。不思議な形だが、
ハチの背中に確実に花粉をつけることに役立っている。

ネソウの場合、親の周辺こそが好適な環境ということも考えられる。これならちょっと飛ぶだけで十分だ。むしろ飛びすぎてはいけない。

ツリフネソウの花は不思議な形をしている。誰が舟に見立てたのかわからないが、何となく舟に見えなくもない。ツリフネソウにやってくる虫はマルハナバチの仲間などだ。花の中に潜り込んで花の一番奥にある蜜を吸う。ハチが潜り込むと背中の部分に確実に花粉がつく。よく見ると、アヤメや花菖蒲の花も変な形だ。これらの場合もハチの背中に花粉がつく。不思議な形にはそれなりの意味がある。

日光植物園にあるツリフネソウの仲間は、ツリフネソウとキツリフネ。キツリフネは七月頃に開花する。ツリフネソウはもっと遅く、八月から九月の花である。

ところで、カエデの属名は *Acer* であり、これは「裂けている」という意味だ。一部裂けていない葉を作る種もいるが、妥当な命名だと思う。一方、人間の学名 *Homo sapiens* は「ヒトの中でも賢いもの」という意味。これを自分で自分につけるにはかなりの度胸が必要だ。

一枚羽のヘリコプター

カエデの果実は二個一組で作られる。それぞれに翼がついており、二枚の翼によって飛んでいきそうにみえる。しかし、このままでは急速に落下してしまい、風で運ばれることはない。

二個の果実を分離して一個にすると、ふくらんだ種子部分を中心にして回転し、ゆっくりと落下していく。時間をかけて落ちる間に、種子は風によって横方向に運ばれる。航空機のプロペラは二枚とか三枚だ。竹とんぼは二枚。一枚で回転する果実を見ると不思議な感じがする。

果実の形状を測定してみた。翼の部分は軽く、ふくらんだ種子部分は重い。翼は最初からプロペラのようにねじれているのではないかと思ったが、そんなことはなさそうだ。同じ果実が、左回りにも、右回りにも回転する。ただ、写

カエデの果実は上のように2個1組で作られ、散布されるときに下のように分離する。

真で翼の上側になっているほうが空気を切り裂く側となり、ここはかなり頑丈だ。

カエデの果実の模型を作ってみたことがある。予想外の回転をしたり、ほとんど回転しなかったり、一見、単純な形態に見えるが、とても素人の手に負えるものではなかった。生き物の試行錯誤の成果はすごい。

カエデのように回転翼によって落下速度を小さくする果実をヘリコプターと呼ぶ。回転せず、横滑りするようにゆっくりと落ちていく果実もある。ヤマノイモの果実がこのタイプ。麦わら帽子というか、空飛ぶ円盤というか、丸いディスクの真ん中に種子が乗っている。このような種子をグライダーという。いずれも風で種子を散布する。

とはいえ、樹木の種子の場合、それほど遠くまでは飛ばない。どんなに風が強くても、せいぜい一〇〇メートル。親の真下は暗くて生きにくいが、少し離れれば好適な環境があるかもしれない。しかし、飛びすぎると全然違う環境に落ちてしまうかもしれない。だから少しだけ飛ぶ。

一方、草本の風散布種子には遠くまで飛ぶものも多い。これらは、山火事跡や洪水跡など、まれにしかできない荒れ地を探して飛んでいく。

名も知らぬ遠き島より

島崎藤村の「椰子の実」に出てくるヤシはココヤシである。水に浮く種子は海流によって遠くまで運ばれる。黒潮がココヤシの実を熱帯の島から日本まで運んだのだろう。ココヤシのような植物を海流散布植物という。

マングローブは熱帯から亜熱帯の海岸沿いに広がっているのだが、マングローブの植物も海流散布植物である。代表的な樹種であるヒルギの仲間は、東アフリカから南アジア、オセアニア、沖縄の海岸に分布している。

他にも、ハイビスカスの仲間であるオオハマボウ、濃いピンク色の花がかわいいグンバイヒルガオなども海流によって種子が運ばれる。

オオハマボウは、全世界の熱帯に分布している汎熱帯海流散布植物だ。研究者たちが世界中のオオハマボウの遺伝子を比較したところ、アジアとアメリカ

西表島に広がるマングローブ。海水に浸かる場所にはメヒルギが分布し、淡水と海水の混じった汽水域にはオヒルギが分布する。棲み分けの仕組みはわかっていない。

大陸西海岸のものの遺伝的に似ていることがわかった。しかし、アフリカ大陸東西の海岸からアメリカ大陸東海岸に分布するものはそれらとは異なるグループになるのだという。これは、インド洋と南米大陸の南端とが海流散布にとっての障壁となっていることを意味する。世界一周を試みたマゼランが南米の南端にあるマゼラン海峡で苦労したように、海流散布植物も同じ場所で苦労している。

写真は西表島のマングローブである。東京大学では、生物学科四年生の野外実習が西表島で行われている。寒冷な日光の山岳で行われる三年生の実習と亜熱帯の西表島での実習に参加することで、日本の自然がおおよそ理解できるようになる。といっても、日光では山登りのつらさが、西表島ではマングローブの腐敗臭がもっとも印象に残るらしい。

西表島などを含む八重山諸島は北回帰線に近く、夏の太陽は真上から降り注ぐ。足下にできる影は小さく、しかし濃い。八重山諸島の中心である石垣島には、海上保安庁の巡視船が何隻も停泊する。JAPAN COAST GUARDという英語表記もある白い船体は、八重山が国境の島であることをいやがおうにも思い出させるのだった。

濡れ衣

キク科のセイタカアワダチソウは明治時代に、園芸植物として日本にやってきた。日本に自生するアキノキリンソウの仲間でもある。英名はgoldenrodで、現在では空き地を占拠する外来種として忌み嫌われている。種子は風に乗って遠くまで飛んでいき、空き地ができると素早く侵入して居座ってしまう、とされる。

日本の植物でこのような性質をもつのはススキだ。空き地での定着や繁殖で両者のどちらが本当に強いのか知るために、植物園で競争の実験をしてみた。

実験はススキ一個体とセイタカアワダチソウ六個体で始めたが、数年経つとススキの勢力がセイタカアワダチソウに勝るようになり、一〇年後にはほぼ駆逐してしまった。ススキの密な株立ちにセイタカアワダチソウは入り込めず、

セイタカアワダチソウにそっくりの花を花屋さんで見かける。学名を使って「ソリダゴ」と呼ばれているので、印象はだいぶ違う。

一方で、セイタカアワダチソウの粗な株にススキは容易に侵入するのである。同じような観察例はけっこうあるようだ。

他にも、セイタカアワダチソウは毒を出して他の植物を殺すとか、花粉症の原因だとか言われてきたが、どちらも濡れ衣だ。毒とされる物質はセイタカアワダチソウの細胞の外に出ないことがわかっている。おそらくこれは、虫に対する防御の役割をもった物質だ。また、花粉は虫に付着して運ばれるようにできており、粘着力が強い。だから実際は風で飛ぶことはなく、花粉症の原因とはならない。セイタカアワダチソウはあまりに目立ったがゆえに、何から何まで悪者にされてしまったのかもしれない。花屋ではセイタカアワダチソウの仲間を、学名を使ってソリダゴという名で販売している。仕方なしに行っている名前のロンダリングだ。

植物園での実験以前、私はセイタカアワダチソウをひどく嫌っていた。でも、今ではちょっぴりかわいく思えている。ススキの強さがわかったおかげで心に余裕ができたためだ。むしろ気になるのは仲間のアキノキリンソウだが、これは山の植物で生育する場所が違う。だからセイタカアワダチソウが在来種のアキノキリンソウに取って代わることはないだろう。

ミニカッパドキア

次のページの写真の状況がわかるだろうか。これは植物園の川砂置き場にできた小さな塔。大雨のあとに出現する。

川砂の中には直径五ミリから一センチ程度の小石が混じっている。雨は石の周りにある砂を浸食する。しかし、石の下にある砂は石によって守られる。その結果、石とその下の砂が塔のように残る。これはトルコのカッパドキアにあるキノコ状の塔のでき方と同じだという。ただし、高さは本家の数百分の一というミニカッパドキアだ。

水の力が偉大とはいえ、硬い岩を水だけで削るのは難しい。日光植物園の南側には大谷川《だいや》が流れており、両岸にはつるつるに磨かれた岩を見ることができる。台風などの豪雨のとき、大谷川は濁流となって土砂を押し流す。ときには

高さ5cmほどの砂の塔。その頂上にはかならず小石が載っている。カメラのファインダーを覗いていると、カッパドキア旅行をしている錯覚にとらわれる。

直径一メートルを超えるような大石も流されてくる。流されてきた石や砂の粒子が衝突して岩を削り、磨く。

となると、雨だけで削れてしまった本物のカッパドキアも、頂上にある帽子のような岩以外はかなり軟らかいのだろう。

日光には砂礫が積み重なってできた火山が多い。こうした山はカッパドキアのように水だけで削れていく。女峰山の南側に食い込む雲竜渓谷は何万年もかけて水が火山を浸食してできた険谷だ。薙《なぎ》と呼ばれる崩壊地を何本ももつ男体山も浸食されつつある山。富士山の大沢崩れも同じだ。ここには浸食を止めるために無数の堰堤が作られた。それでも浸食は続いている。

山の崩壊は山ができたときには始まっている。人間生活と直接関係のない崩壊まで無理に止めるべきなのかどうか。崩壊も自然の成り行きでしかないのだ。

ところで、植物の根があれば崩壊を防げるかというと、そう単純ではない。以前、植物の根は浅いところにしかないことを書いた。根よりも深いところで地滑りが起きてしまえばどうしようもない。樹木が垂直に立ったまま、林全体が谷底へと滑り落ちていくのである。この手の地滑りに関して、植物は完全に無力だ。

若い山

人々の暮らしの歴史は大きな木より古いが、それでも山よりは若い。これはジョン・デンバーの曲「カントリー・ロード」の一節だ。訳はちょっとだけ脚色してあるが、そこは容赦してほしい。実際、アメリカ人はこんなふうに思うのだろう。でも、日本人は違う。活火山の多い日本の場合、人間の暮らしのほうが山よりも古い場合があるからだ。人間が日本列島にやってきたのは三万年ほど前らしいが、それ以降にできた山も多いのである。

アメリカ人の友人と奥日光に行ったときのことだ。「男体山は二万年くらい前の噴火によってできたんだ。日本人の歴史より新しいぞ」と教えてあげた。そうしたら「Amazing!」だって。火山の少ない場所で育つと、こんなに若い山の存在を不思議に思うようだ。なにしろロッキー山脈は恐竜たちの時代にはで

富士山御殿場口の砂礫地。本峰の左の山が宝永年間にできた新しい宝永火口。

きていたそうだから。

富士山はもっと若い。有史時代にも噴火を繰り返し、最後の噴火は宝永年間だ。今から三〇〇年ちょっと前の出来事でしかない。御殿場口はこのときに噴出した砂礫で覆われている。

ここではタデ科のイタドリがまず定着し、パッチ状に広がっていく。その後、パッチの中心にイネ科の植物などが侵入し、植物の種数が増えていく。最初に入ってくる木はカラマツやミネヤナギだ。あと一〇〇〇年もすれば森林が復活するのかもしれない。こうした植物の移り変わりを植生遷移という。

大学院の修士課程のとき、私は御殿場口付近で遷移について研究していた。博士課程に入った頃、ここで黒澤明監督の『乱』の撮影があり、調査地周辺の植生は無残にも破壊されてしまった。私はさっさとテーマを変え、土壌微生物の研究で学位をとった。それでなくても自然の変化の速い日本だ。人間の変わり身もすばやくなければ生きてはいけない。

写真は御殿場口から見た富士山。赤富士を撮ろうと前夜から待っていた甲斐があった。カラーでないのが残念。

紅葉しない落葉樹

私が大学院生だった頃、東京大学理学部二号館の南側にヤシャブシが育っていた。ヤシャブシはカバノキ科の落葉樹で、共生する放線菌に空中の窒素を固定（植物が利用できる形に変換）してもらう。そのため、砂礫地のような窒素の少ない痩せた土地でも育つことができる。このヤシャブシは助手だった丸田さんが富士山からとってきたものだった。

秋になると、多くの落葉樹は葉に含まれる窒素を枝や幹に回収する。翌年再利用するためだ。緑色のクロロフィルも回収される。回収が終わった葉は緑色を失い、赤や黄色に変わる。窒素の回収が紅葉を生み出しているのである。不思議なことに、二号館のヤシャブシは真冬まで緑色の葉をつけていた。寒冷な自生地では一一月には落葉してしまうのだが、その場合でも落葉するまで葉は

東京大学の理学部２号館南側で撮影した２月のヤシャブシ。真冬でも緑色の葉が残っていた。

緑色のままだ。

紅葉しない、つまり窒素を回収しないヤシャブシは次のように理解されてきた。自分で窒素固定ができるのだから、窒素を回収しなくてもよいのだと。しかし、窒素固定には多くのエネルギーが使われている。もし窒素を回収しないで捨ててしまうと、固定するために使ったエネルギーを無駄にしてしまう。では、なぜ回収しないのだろうか。

答えは緑色の葉にあった。窒素固定をしない一般の落葉樹が紅葉したあと、ヤシャブシの緑色の葉は光合成を続ける。より長く光合成を続ける間に、ヤシャブシは窒素固定に使ったエネルギー以上のエネルギーを得ることができていた。だから窒素を回収しない。

ヤシャブシの葉も寒波には弱く、最低気温が氷点下になると壊死し落葉する。日光のような寒冷な場所では、一般の落葉樹よりも長く光合成を続けられる期間は約一か月。これが温暖な東京では、二月になってもまだ葉は緑色のままだ。三月には新芽が動き出すのだから、もうこれは常緑樹に近い。

理学部二号館のヤシャブシは、この研究が論文になる直前に切り倒されてしまった。

窒素固定植物の盛衰

空中の窒素を固定して利用できるヤシャブシは、窒素固定植物と呼ばれる。仲間にはヤマハンノキやミヤマハンノキがあり、ヤシャブシよりも標高の高いところに分布する。これらは火山噴火跡地などの貧栄養な環境に真っ先に侵入できるはずなのだが、そうはならない。「若い山」の項で取り上げたように、富士山の噴火跡地にはまず侵入するのは、非窒素固定植物のイタドリだ。日本の他の火山でも同様で、窒素固定植物はイタドリに続いて侵入してくる。

この現象はよく知られており、窒素固定の仕組みを研究している知り合いからは「なぜ？　なぜ？　なぜ？」とせっつかれてきた。事実は変えようがないので、高校の教科書にはありのままを書いてきたが、その理由がわからない。これほどもどかしいことはなかった。

数年前、ある大学院生が突破口を開いた。貧栄養な火山灰土壌にヤマハンノキを植えてもほとんど成長できなかったが、その土壌の表面にイタドリの落ち葉を乗せてあげるとヤマハンノキが急速に成長を始めたのだ。さまざまな実験を行ったところ、落ち葉に含まれるリンが成長を改善していたことがわかった。言い換えれば、火山灰土壌ではリンが使いにくいため、ヤマハンノキの窒素固定能力が生かせなかったのである。火山灰土壌ではリンが欠乏していることは知られていたが、これによって窒素固定の長所が消されていることには気付かなかったというわけだ。

落ち葉にはさまざまな元素が含まれている。窒素はタンパク質などの構成成分だし、リンは核酸などに含まれている。カリウムやカルシウムはイオンの形で存在する。こうした元素のうちで、カリウムやカルシウムは落ち葉から急速に溶け出して植物に利用される。リンを含む有機物は土壌微生物によって容易に分解され、植物の利用できる無機リン酸となる。そのため、落ち葉があれば植物はリンを利用できる。

問題は落ち葉に含まれる窒素である。実はこの窒素、微生物がなかなか分解できず、植物の利用できる硝酸イオンやアンモニウムイオンにはならない。落

イタドリの落ち葉を乗せたヤマハンノキ（右）と乗せなかったヤマハンノキ（左）。落ち葉の中のリンが溶け出すことで窒素固定植物であるヤマハンノキの成長が促進された。貧栄養の土壌だけでなく成熟した土壌でも、植物のリン源は主に新しい落ち葉である。

ち葉を実験室で微生物に分解させてみると、一年くらいはまったく無機窒素が生成してこない。その代わり、一〇〇〇年以上前に死んだ植物遺体からも無機窒素がわずかではあるが生成し続ける。

落ち葉を研究することで、窒素固定植物が優位に立てる環境が明らかになった。火山噴火跡地にイタドリの落ち葉が少し貯まり始めるとリンが使えるようになるが、窒素はまだ使えない。このときが窒素固定できる植物の面目躍如たるステージだ。さらに落ち葉が貯まっていくと窒素の分解が進み始めるため、窒素固定植物の優位性が失われていく。

芥川龍之介は『舞踏会』の中で「私は花火の事を考えていたのです。我々の生《ヴィ》のような花火の事を」と登場人物に語らせた。自然の移り変わりの中で、窒素固定植物は花火のように一瞬の輝きを放っては消えていく。

ブナの子の行く末

数年に一度、山のブナはたくさんの種子をつける。しかも、同じ地域に生育する大半の個体が一斉に種子をつける。このような年を成り年と呼ぶ。

成り年の翌春、ブナ林の下にはたくさんの子供が発芽してくる。しかし、次の春までにほとんどが死んでしまう。日光植物園で研究する大学院生が林の下の光を測定し続け、この理由を明らかにした。夏の間、ブナ林の下まで届く光は弱い。この光で行う細々とした光合成ではブナの子供は大きくなれないのだった。

秋、ブナが落葉すれば林の下は明るくなる。植物のなかにはこの良好な光環境を利用できるものもいる。ブナ林に生きる常緑樹の子供たちだ。さすがに気温の低い真冬に光合成を行うことは難しい。しかし、常緑樹の子供たちは明る

成り年の翌年、ブナ林の下は芽生えで埋め尽くされる。しかし、発芽後１年以内にほとんどが死んでしまう。

くてけっこう暖かな晩秋や早春に行う光合成によって大きくなる。そして、次第にブナ林で優勢となっていく。ブナ林に生育可能な常緑樹は、日本海側ならばスギやヒノキアスナロ（ヒバ）であり、太平洋側ならばモミやツガの仲間である。

二一世紀になって、一七世紀に描かれた白神山地の植生図が発見された。この時代、白神にはブナだけでなくヒノキアスナロも生育していたらしい。これは大学院生の研究結果と一致している。「コンプリート癖と博物学」の項にも書いたとおり、白神が現在のようなブナ中心の林になった原因はおそらく、江戸時代に繰り返された伐採だ。良質な木材であるヒノキアスナロは、好んで伐採されて失われてしまった可能性が高い。ブナは橅と書くように、柔らかくて反ったりねじれたりするために木材としては用無しだ。このせいで山に残ったのかもしれない。

問題なのは、ブナの子供たちがいったいどこで大きくなれるのか、ということだ。別の言い方をすれば、ブナの本拠地はどこだったのかという謎である。しばらくはブナを口実に山に遊びに行けるだろう。

根曲がり

日本海側の山地は世界有数の豪雪地帯だ。急斜面には低木だけが生育している。その幹は斜面に沿うように立ち上がり、徐々に上向きに反り返る。これを「根曲がり」という。実際には根が曲がっているわけではないので、正しくは根元曲がりだ。

生きた木を曲げたとき、幹の表面が二%ほど引き伸ばされると折れる。急斜面では雪崩などの雪圧によって幹が曲げられるのだが、幹を直立させていると、雪圧によって幹は限界を超えて伸び、折れてしまう。一方、根曲がりならば地面に押しつけられても伸びが少なく、折れることはない。根曲がりは多雪地の急斜面に適応した形だ。

根曲がりできる程度は樹種によって違う。多雪山地の高木のブナは、極端な

多雪地の急斜面では、木の根元は斜面に沿うように曲がっている。これが「根曲がり」だ。

根曲がりにはなれず、ほぼ直立して生きていく。そのため、雪崩の頻発する急斜面には分布できない。

ブナにとって好ましいのは地滑り跡だ。ここは明るく、ライバルはいない。「地滑りが起きる可能性はあるが、雪崩が頻発するほど急ではない」という中庸な斜面がブナの本拠地なのだろう。直立した高木となることに固執すると、生きる場所は限定される。人間でも、あまりにもまっすぐな生き方は何かとたいへんだ。

ブナとは対照的に変幻自在な木もある。ドングリを作るミズナラだ。平地に多いコナラの仲間で、全国の山地に生育している。本来は巨大な高木なのだが、急斜面では根曲がりの低木として生きている。こうした低木状のミズナラはミヤマナラと呼ばれるが、遺伝的にはほとんどミズナラなのだという。

数年前の冬、尾瀬近くの山に、雪圧によってブナの幹にかかる力を測定する機器を設置した。データはリアルタイムで研究室に届く。これは水力発電所を管理するJパワーの施設を使わせてもらえたおかげだ。厳冬期の四メートルを超える積雪の中、社員たちは施設の維持のために山を登るのだという。こうした人たちがいるからこそ、私たちは豊かさを享受できる。

しなやかな木、硬い竹

歌川広重の『東海道五十三次』には雨の描写が多いという。一番有名なのは三重県の庄野だと思う。強風をともなった驟雨《しゅうう》に翻弄される旅人たちが主役であるが、私には遠景の竹がもう一つの主役である。子供の頃、この竹を見て「竹ってしなやかで風では折れそうもないよね」と直感的に思ったのだが、最近この直感が打ち壊されてしまった。

前の項で、斜面に下向きに幹を伸ばせば雪では折れないと書いたが、雪によってどの程度の負荷がかかるのか、実際に測定してみた。

棒状のものを曲げると外側は引き伸ばされ、内側は圧縮される。これを歪みという。測定の結果、雪に押しつぶされた木の幹は予想をはるかに超えて歪んでいた。それでも折れないのはどうしてなのだろうか。気になり始めたらその仕組みを知りたくなるのが研究者の性というものだ。

歪みを扱う材料力学では、曲げによって引き伸ばされる歪みと圧縮される歪みが等しいと仮定する。外側が一ミリ引き伸ばされると内側が一ミリ縮むということだ。木の幹を完全に乾燥させるとこのような対称的な歪みが生じるが、生きていて水を多く含む幹の歪みはそうではなかった。

外側の引張に比べ、内側の圧縮が異様に大きかったのである。そのため、外側にある繊維が破断することなく幹が大きくたわむ。おそらく、幹の内部にある繊維同士の間に水が存在するため、繊維の一本一本が自由に縮むのだろう。糸は引っ張る方向には変形しにくいが、簡単に縮む。これと同じである。

日光植物園には多くの木本《もくほん》が植栽されている。園内の針葉樹と広葉樹あわせて四〇種の歪みを測定し、それぞれの特徴を抽出することにした。また、ヤダケを竹の代表として測定に使った。

針葉樹には非常にしなやかな種が多く、風や雪という負荷を受け流すように進化したようだ。特にハイマツに代表される多雪地の針葉樹のしなやかさには驚かされた。考えてみれば、雪につぶされることで冬をやり過ごすわけだから当然である。

歌川広重の庄野。遠景の竹が強風によって大きく曲げられている。一見、竹はしなやかだが、実はそうではない。

広葉樹はもう少し硬く、負荷を受け流しつつも硬さで抵抗するような種が多く見られた。意外なことに、多雪地に多いブナはしなやかさに欠ける。ブナが多雪地の急斜面では大木になれないのは、雪による負荷を受け流せないからだろう。実際、急斜面では折れた個体をしばしば見かける。

さて、問題の竹である。曲がりにくさの指標であるヤング率は他の樹種よりもかなり大きい。その一方で、しなやかさは極小だった。工業材料でいえばガラスと似ている。硬くて曲がりにくいのだが、ある負荷を超えた瞬間にポキッと折れてしまう。子供の頃の直感は間違っていたわけだ。

では、竹はどのような戦略で生きているのだろうか。中空の幹をもつ竹は、少ない材料で高い位置に葉を展開できる。これによって他の木本との光をめぐる競争に打ち勝ち、その分布を急速に拡大することが可能となる。だからモウソウチクは日本の南西部で勢力を拡大している。一方で、強風や湿雪という負荷には耐えられずに折れてしまう。二〇一九年、房総を襲った台風によってモウソウチクが大きな被害を受けた。また、湿雪が降ると幹が折れる。

これも植物の生き方のトレードオフの例である。生物の性質には、常にメリットとデメリットが隣り合わせになっている。

枝の作りやうは

『徒然草』に「家の作りやうは夏をむねとすべし」というくだりがある。生き物の作り方にも何らかの規範がある。

幹からつきだした枝は分岐を繰り返し、徐々に細くなっていく。そしてその先端に葉がついている。枝のそれぞれの箇所には力がかかっているのだが、これはその箇所より先端側にある枝と葉によって生じる「力のモーメント」が原因だ。ビール瓶を握って腕を伸ばしてみよう。手首、肘、肩に力がかかっているることが実感できるはずだ。特に、ビール瓶から離れている肩にかかる力は大きい。こうした力に対抗できるよう、枝は基部ほど太くなっている。

工学の世界では安全率が定義される。例えば「破壊に必要な力／実際にかかっている力」である。日光植物園に植栽されているブナとウラジロモミの枝で、

何とも複雑な形をした東京大学安田講堂前のクスノキ。それでも作り方の規範はおそらく安全率だ。

大学院生がこの安全率を測定してみた。すると、基部から先端まで四から八の間に維持されていることがわかった。だいぶ幅があるな、と思うかもしれない。しかし、枝の形が複雑であること、しかも工業製品でないことを考えれば、安全率の値はけっこう狭い範囲に収まっている。

安全率をほぼ一定に維持する形作りのためには、枝にかかる力を感じるセンサーが必要だ。さらに、センサーからの情報に基づいて枝を太らせたり、逆に太るのを止めたりする仕組みも必要だ。エチレンという植物ホルモンが情報伝達に関わっていることまではわかっている。しかし、仕組みの全体像についてはまだまだわからないことだらけである。とりあえず「枝の作りやうは安全率をむねとすべし」という規範があるのは確かなようだ。

ところで、このような形作りをした場合、枝の分岐前の直径の三乗と分岐後の直径の三乗の和がほぼ一致するはずである。対立仮説はダヴィンチが提出している。彼は二乗が一致するというメモを残しており、ダヴィンチ則と呼ばれている。植物園での測定結果は当然だが三乗のほうを支持していた。自分が偉くなった気分というより、ダヴィンチの多才さに驚いている。

四年目のブナ

東日本大震災の年、福島は災難続きだった。三月の津波と原発事故に加え、七月には豪雨による大規模な土砂災害が発生したのである。救いは、土砂災害が内陸部の会津地方に限定されたことだった。その年、会津のブナの実は大豊作となった。

翌春、山はブナの芽生えで埋め尽くされていた。会津の人たちは、災害復旧に追われていたにもかかわらず、ブナの研究を後押ししてくれた。

四年後、ブナ林の下の暗い林床にあった芽生えはほとんどが消えてしまった。ブナが暗い環境に弱いことはわかってきていたので、これは予想通りの行く末だった。

生き残っている芽生えは、土砂災害で木々を失って明るくなった地滑り跡に

寒冷地に移植したブナの冬芽。長さは5mmほどで、通常の3分の1程度でしかない。

集中している。そこは有機物を含む豊かな表土をほぼ失っている。こんな貧栄養な環境でブナが生きられるのかどうか心配だったのだが、着実に成長を続けている。このまま行けば、再びブナ林に戻るだろう。

また、ブナは雪崩に弱いことも確かめられた。直立して雪崩に抗うため、雪崩の圧力で根元から折れてしまう。だから「根曲がり」の項に書いたように、ブナは雪崩の頻発する急斜面には見られないのだ。

生存には気候の寒暖も重要だ。温暖な場所に移植したブナはよく成長するのだが、虫に喰われやすくなる。これが温暖な場所に進出できない理由の一つだろう。一方、今知りたいことは、ブナが現在の生育地よりも寒冷な場所に進出できない理由だ。寒さで枯死するわけではないのに、明るい場所でさえうまく成長できないのである。寒冷地での研究は始まったばかりだ。

＊その後の研究により、亜高山帯のような寒冷地で成長するための条件が明らかになった。亜高山帯の夏は短い。この期間に成長するためには、薄くて光を効率的に集められる葉と、タンパク質を多く含み光合成能力の高い葉が必要だ。ブナの葉は厚く、タンパク質は少ない。これが寒冷地にブナが進出できない理由の一つらしい。

アジア人、二度ブナに会う

北半球にはブナが分布し、南半球にはブナとよく似たナンキョクブナが分布している。この両者は葉や果実の形態が似ており、非常に近縁な植物であることがわかる。

それらの起源は大陸移動から推定することができる。中生代、超大陸パンゲアがローラシア大陸とゴンドワナ大陸に分裂した。ローラシアは北半球にある大陸の起源であり、ゴンドワナは南半球の大陸の起源である。したがって、ブナとナンキョクブナの祖先はパンゲアで進化していた可能性が高い。

ブナ科にはブナ以外にもコナラやカシなどが含まれている。ブナやコナラは落葉樹であり、カシは常緑樹である。これまでも述べてきたように、明るい場所でよく成長するのは落葉樹であり、落葉樹の林床で成長できるのが常緑樹だ。

福島県のブナ林。ブナは寒冷な冷温帯に分布しており、ここは農耕に適した場所ではなかった。アメリカに渡る前のアジア人はこのような環境で狩猟採集を行っていた。もともとスギやヒノキなどの常緑針葉樹が多く生育していたため、古墳時代以降は木材生産のために使われた。

同じブナ科のなかで、生き方の異なる種が進化してきた。

ナンキョクブナ科の植物にも落葉樹と常緑樹がある。南米チリの最南端にあるナバリノ島には落葉性のナンキョクブナが二種、常緑樹のナンキョクブナが一種分布している。落葉性のものはコナラと同じような葉の性質をもち、常緑性のものはカシと似た葉の性質をもっている。一億年以上前に分かれてしまったブナ科とナンキョクブナ科ではあるが、その適応戦略は似ている。

アメリカ大陸の先住民は最終氷期にアジアから渡った人たちだ。そのとき、氷期の海面低下によってアジアとアメリカは陸続きとなっていた。彼らはそこを通ってアメリカに渡ったものと考えられている。その後、アジア人は北アメリカからパナマ地峡を通り、南アメリカに進出した。今から八〇〇〇年ほど前には南米最南端のナバリノ島まで到着していたという。彼らをヤガンと呼ぶ。

アジアにはブナが分布しているため、アメリカに渡る前のアジア人はブナ林の中でも生活していた。縄文人は日本人のルーツの一つであり、彼らの遺跡はブナの多い寒冷地でもたくさん見つかっている。アジアのブナ林を出てから何千年かあと、アジア人は南アメリカ南部で再びブナに似た樹木に出会うことになる。それがナンキョクブナだった。

ナバリノ島のナンキョクブナの林とビーグル水道、そしてパタゴニアの山々。手前には落葉性と常緑性のナンキョクブナの混交林が広がっている。ここには人の住む世界最南端の町がある。アジア人はベーリング海峡が地続きだった頃にアメリカに渡り、8000年頃前にはここに到達した。環境は過酷であり、彼らは狩猟採集民としてずっと生きてきた。

ブナが分布する冷温帯は農業に適した場所ではない。そのため、ブナ林の中で生活した縄文人は基本的に狩猟採集民である。南米のナンキョクブナも寒冷な地方に分布するため、ナンキョクブナの林で生活した先住民も狩猟採集民である。一九世紀にダーウィンがビーグル号に乗ってその地を訪れたとき、先住民たちは石器時代の生活を続けていた。金属器も作物もない生活は苦しく、人口密度も非常に低かったようだ。彼らは海の動物を主な食糧としていた。

こうしてみると、農業が可能だったのはもう少し暖かく、しかも水が豊富な場所だったことに納得がいく。ナイル、インダス、ガンジス、黄河という文明の発祥地はたしかにそうだ。農業によって人口密度が高くなると、技術の発展を多くの人たちが共有できるようになり、それがさらに技術の発展を加速していったのだろう。

ブナに二度出会ったアジア人は農業とは出会えなかったが、強靱な肉体と精神をもって過酷な環境の中を生きぬいた。

虫コブとｉＰＳ細胞

二〇一二年はｉＰＳ細胞の年だった。この研究で興味深かったのは、細胞がどのような組織にも器官にも再び変化できるという分化全能性が、動物細胞で初めて証明されたことだ。

一方で、植物細胞が分化全能性をもつことは何世紀も前から知られていた。例えば茎だけを挿し木しても根が生えてくる。実験室の中ならば、植物体から取り出した一つの細胞から個体を再生するのも簡単。植物細胞は最初からｉＰＳ細胞のようなものだ。

虫たちのなかには、この分化全能な植物細胞の特性を利用しているものがいる。植物をうまく操作することで、虫のすみかを作らせる。これを虫コブという。

ヤマブドウの葉が変形してできたブドウトックリタマバエの虫コブ。赤い果実のように見える。

写真の虫コブは、ブドウトックリタマバエがヤマブドウの葉に作り出したものだ。高さはせいぜい七、八ミリ。真っ赤なので、果物と見間違う。中にはハエの幼虫が一匹入っている。この虫コブは、幼虫が外敵などから身を守る家でもあり、食糧でもある。

最近、この虫コブができる仕組みがわかってきた。虫はオーキシンやサイトカイニンという植物ホルモンを独自に合成する。これによって一度できあがってしまった葉を再び成長するように仕向け、写真のような形にするのだそうだ。虫たちはiPS細胞を使った再生医療のようなことをやっているのである。

最後に本当の再生医療に関連した話を少し。

学部生の頃、京都大学の岡田節人《おかだときんど》先生の集中講義を聞いた。がんの内部には眼のレンズなどが再分化しているという話には驚いた。がんは脱分化して増殖の止まらなくなった細胞だ。そのがんも、ときには再分化し、そこでは増殖が止まるのである。先生は、この性質を増強させてやればがんを抑えられるはずだとおっしゃったと思う。

あのとき、がんの内部にできている組織や器官を再生医療に使うことを私が思いついていれば今頃……。な〜んてわけないか。

眼下の敵、頭上の脅威

『眼下の敵』という古い映画がある。第二次世界大戦中、ドイツの潜水艦とそれを追いまわすアメリカの駆逐艦の息詰まる攻防を描いたものだ。潜葉虫と寄生バチの関係もこれに似ている。実際には「眼下の敵」ではなくて「眼下の餌」なのだが。

ハモグリバエをはじめとする潜葉虫は、葉の中に卵を産む。キク科の植物を好む種も多い。苦くて渋いキク科の葉を摂食できるように進化したまれな生物だ。

潜葉虫の幼虫は上下の表皮の間にある細胞を食べて成長する。トンネルを掘り進むように摂食していくので、葉には白い筋となった跡が残る。白い筋は次第に太くなり、幼虫が成長していったことがわかる。

潜葉虫は葉の内部を食べながらトンネルを掘り進む。白い筋がそのトンネルだ。これを寄生バチが狙う。

この幼虫をつけ狙うのが寄生バチだ。白い筋をたどって幼虫を追いかけ、幼虫を見つけるとそこに卵を産み付ける。寄生バチが発見に成功した場合、葉から羽化するのは、幼虫を食べて大きくなった寄生バチだ。

白い筋が交差していると寄生バチに発見されにくくなるらしい。寄生バチが交差点で戸惑うからだ。また、潜葉虫は植物一個体に一つだけ卵を産んでいることが多い。しかも、隣接する植物個体にも産まないようだ。このような産卵方法も、幼虫が寄生バチに発見される確率を減らすことに役立っているのかもしれない。

単純な食ったり食われたりという関係の場合、捕食者は被食者をあまり減らせない場合が多い。しかし、寄生バチはくせ者だ。寄生バチの親は獲物を見つけては卵を次々と産んでいく。この方法だと、被食者の数が激減する可能性がある。寄生バチに対抗するには発見されないことが一番なのである。

植物の立場でみると、潜葉虫の産卵方法は好都合だ。一個体あたり一枚の葉だけが食われ、その葉でさえも全部食われてしまうことはないのだから。

潜葉虫にとって寄生バチは『頭上の脅威』。これも映画のタイトル。

ショウキラン、だます

ショウキランはピンク色の華麗な花を咲かせる。花の形が鍾馗《しょうき》様に似ているため、そう名づけられた。

植物なのに、ショウキランは緑色の葉をもたない。つまり光合成をしない。彼らは落ち葉や枯れ枝を分解している菌類にとりつき、彼らから栄養を横取りして生きている。こうした生き方を腐生という。早い話、菌をだましているのである。

植物と微生物が助け合って生きているケースはよく知られている。例えばマメ科植物と、窒素固定をする根粒菌だ。植物は根粒菌に炭水化物を与え、根粒菌は植物に窒素を与える。これを共生という。お互いに得をする関係だ。

共生の対極に寄生がある。寄生者は寄主の資源を一方的に略取するため、寄

日光植物園に近い寂光の滝で見つけたショウキランの大株。このショウキランは大きな倒木を分解している菌類に取りついていた。数年後、倒木の分解が進んで菌類の栄養源がなくなると同時にショウキランも消えてしまった。

主は大きなダメージを受ける。
栄養を奪っているショウキランは寄生かというと、そう単純な話ではない。菌類を殺すほどの収奪を行ってしまえば、ショウキランはそこで生きていけないはず。しかし実際は、毎年同じ場所で花を見ることができる。おそらくだが、ショウキランは「節度ある寄生」を行っている。つまり、菌類からちょっとだけ栄養をいただいているのだ。この場合、ショウキランは得をするが、菌類のダメージは小さい。こうした関係を片利共生と呼ぶ。寄生虫しかり。たぶん多くの病原体もそうだ。

共生、片利共生、寄生は生物の世界によく見られる相互作用である。共生と寄生は多くの興味をひくが、片利共生は目立たない。しかし、共生や寄生の大部分が実は片利共生だったとしても、驚くようなことではない。

ショウキランをはじめとする腐生の植物の栽培は難しい。植物がとりつく菌類を同定し、培養することが難しいためだ。日光植物園の腐生植物も、勝手に生えてくるものだけである。そのうえ、出てくる場所が毎年変わってしまうものが多く、同じ場所から出てくる場合も数年に一度しか出ないという職員泣かせの植物だ。

ターザンの蔓

熱帯の林では垂れ下がった蔓《つる》が目立つ。これを使って木から木へと移動するのがターザンだった。

蔓植物は自分では立つことができない。かならずホストと呼ばれる自立した木に絡み付いたり、あるいはその幹に張り付いて伸びていく。それなのに、垂れ下がった蔓は自力で空間を伸びていったように見える。これには蔓植物がホストを殺していった壮絶な歴史が関係している。

この手の蔓植物はホストのてっぺんにある樹冠と呼ばれる部分に到達すると、その上に自分の葉を展開する。蔓に樹冠を覆われたホストは光合成ができなくなり、やがて死んで倒れてしまう。蔓も共倒れかと思いきや、隣にある元気なホストに乗り移っている。死んだホストが倒れた頃、蔓は新しいホストの樹冠

サルナシの蔓。ホストを乗り換えることで自分の葉は常に樹冠にある。キウイフルーツの原種に近いため、熟した果実は最高だ。とはいえ果実も樹冠にあるため、そう簡単には手に入れることができない。

から空中に垂れ下がっている。こういうことだ。

ホストを乗り換えるたび、垂れ下がった蔓の位置は変化していく。何本ものホストを乗り換えた結果、発芽した場所から三〇メートル近く離れてしまうこともある。うまく行った寄生の例である。これはホストになる木の密度が高いときにのみ成功する。日本ではサルナシ、ヤマブドウなどがこうした蔓植物の典型だ。私はこれらを魔性の女と呼んでいる。何せ「ホスト」さえ食い物にするのだから。

とはいえ、蔓植物のなかにはホストを殺さないものも多い。マツブサは自分の葉を、ホストの葉の直下に展開する。あと一〇センチ上に出ればホストを覆えるというときでも、あえて上に出ることはしない。自分の光合成はある程度まで犠牲にしてでも、ホストとの共存を図っているわけだ。こうした穏やかな蔓植物はけっこうたくさんいて、イワガラミ、ツタウルシ、キヅタ、ツタなどがその仲間に入る。こっちは片利共生だ。

蔓植物は熱帯に多く、熱帯雨林にある葉の二〇％以上を蔓植物の葉が占めることもある。一方、タイガのような北方の林には非常に少ない。

ヤドリギ、その死

紅葉の時期、日光のいろは坂の渋滞はひどく、わずか数キロを進むために何時間もかかることがある。

ある秋の日、小学生だった私の乗ったバスは渋滞に巻き込まれ、乗客たちはいらつき始めていた。そんなときは外を見ているしかないのだが、子供にとって紅葉見物などそれほど楽しいものではない。しかし、不思議なものを見つけた。木の枝に巨大な栗のイガのようなものがついていたのだ。私は無邪気にも、

「大きなイガだなぁ」

と大声を出してしまった。そのとたんバスの中に笑いが広がり、雰囲気が一気に和らいだ。そのイガが、寄生木とも書くヤドリギだった。

日光に赴任したとき、子供の頃に見たそのヤドリギを探したのだが、どうし

ミズナラについたヤドリギ。栗のイガにしては大きすぎるよね。
でもこんな大きなクリの実があったら嬉しい。

ても見つからなかった。そして、ヤドリギの一生はどう終わるのか知りたくなった。あるスキー場周辺を探すと、シラカンバにとりついたヤドリギのなかに枯れたものをたくさん見つけた。よく見ると、シラカンバの枝は枯れたヤドリギの位置で折れていた。しばらく観察を続けて考えついたのが、次のような過程である。

ヤドリギはとりつくホストの幹や枝に根を食い込ませ、水や無機栄養を得ている。この根はホストの組織と一体にはならない。そのため、いつしかホストの組織の強度が下がり、ホストは風や雪などによってヤドリギの位置で折れてしまう。折れてしまえば、水はヤドリギのところまで昇らなくなり、ヤドリギは水を失って枯死する。

ヤドリギは一年に一節ずつ伸びる。数えてみたところ、ヤドリギの寿命は二〇年程度のようだ。私がいろは坂でヤドリギを見てからすでに五〇年以上が経っている。あのヤドリギの寿命はとうに尽きていたのである。

冬の間、ヤドリギにはヒレンジャクという美しい鳥がやってくる。ヤドリギの果実はヒレンジャクの好物であり、その糞に混じった種子が新たなホストにたどり着き、再びその生が始まる。

ツキノワグマ雑記

クマに遭遇しやすい人とそうでない人がいる。それは人の道（登山道）を外れているかどうかに関係している。

人の道をとうに捨てた私は五回遭遇し、二回は突進されてしまった。一回は正面から組みつかれ、一回はこちらからも突進したらクマが怖じ気づいて逸れてくれた。組みつかれたときに腕に残った爪痕がひそかな自慢なのだが、残念なことに最近それが消えつつある。

秋、ブナやミズナラの実を食べるためにクマは木に登り、枝を折る。体の大きなクマは、実がついている細い枝までは登れない、だから、折って実を手に入れる。折った枝は下に落とさず、大きな枝の上に敷き詰める。これをクマ棚という。この上で実を食べるクマは一生懸命だ。冬が来るまでに大量の皮下脂

奥利根のブナ林で見かけたクマ棚。木の枝についている鳥の巣のようなものがそれだ。

肪を蓄えなければならない。クマは皮下脂肪を消費することでエサの少ない冬を乗り切るからだ。

木の実のある年はラッキーだ。木の実が豊作となるのは数年に一度。そのため、クマはたいてい飢えている。だからクマは何でも食べる。木の芽、スズメバチ、ときにはシカまでも。こういう食べ方を雑食という。

たくさんの種類の食物を利用する性質が進化する条件を計算してみた。一種類の食物では足りないとき、こうした食べ方が進化するのは当然だ。ここで面白いのは、ある一〇種類の食物を食べてやっと生き延びられるとき、量的には一〇番目でしかないマイナーな食物こそが重要な役割をもつことだ。これを食べなくても、逆に食べ尽くしても捕食者は死に絶える。だから、これの上手な食べ方が生死を分ける。少数者もキーマンとなれるのだ。

これは政治の世界で見られる合従連衡を彷彿させる。国会で過半数を占めるため、小さな政党と連立する大政党がある。この場合、小さいほうの政党がキャスティングボートを握る。ときどきこうした状況が出現するが、大政党だけで過半数を占めることができるようになった途端、小さな政党は力を失う。

傷を癒やす

　私たちの体は少々の傷ならば確実に修復してくれる。私が負った最大の外傷はツキノワグマの爪によるものだった。

　日光の山中で植物を探していたときのことだ。ふと視線を上げるとすでにクマが突進してきており、かわす間もなく飛びかかられた。右手からの一撃はクマの腕をつかんでしのいだものの、次の瞬間、左手の爪が食い込んでしまった。そのままクマと抱き合った状態で斜面を転げ落ち、私は切り株にぶつかって止まったが、クマは谷のほうへ転がっていった。

　したたかに打ち付けた尾骨の痛みは激しかったが、それよりも出血のひどさに驚いた。血だらけで駆け込んだ病院で傷を縫い合わせてもらい、やっと落ち着くことができた。それから一週間後だったと思う。抜糸してもらうと傷口は

カラマツの傷。深さ2cmほどあった傷は四方から形成された癒傷組織によって埋め尽くされた。動物の場合、深い傷は肉芽組織によって修復される。傷が埋め尽くされると組織の増殖が止まるという点で両者は似ているらしい。

ふさがっていたが、二十数針縫った跡がまだはっきりと見えていた。

植物も傷を治せる。傷の修復に関係する組織を癒傷《ゆしょう》組織という。日光植物園のカラマツにはこの組織を二八個見ることができる。カラマツが傷ついたのは、樹皮と形成層を剝ぎ取って歪みゲージというセンサーを取り付けていたからである。この研究は、幹が風に耐えられる限界を調べるために行なった。その結果、カラマツが風速一〇〇メートル程度には耐えることが明らかになった。データを採り終えたあと傷の観察を続けて、その修復過程がわかった。

カラマツの場合、まずは松ヤニが出てきて傷を覆う。松ヤニは幹への虫の侵入を防ぐ役割をもつといわれている。その後、傷の周囲の全方向から癒傷組織が中心へと伸びてきた。ほぼ六センチ四方の傷は徐々にふさがれ、五年ほど経つと傷の中心まで到達して癒傷組織の形成は止まった。

医学部の先生に見てもらったところ、癒傷組織の形成は動物の場合と似ているということだった。隣接する細胞と押し合いへし合いしているかぎり、細胞は増殖しない。傷ができて細胞間に作用する力がなくなると増殖が始まる。傷がふさがると細胞同士の押し合いが再び始まり、その刺激によって細胞の増殖は止まるのだそうだ。

生物だから傷を治す仕組みが似ているのは当然だ、という見方もあるだろう。しかし、動物と植物が多細胞の生物に進化したのは異なる単細胞生物からである。それは、もともと同じ仕組みをもっていたわけではなく、動物と植物で独自に傷を治す仕組みを進化させたことを意味している。それでも現象が似ているのは、この方法が理にかなったものだったのだろう。

クマに襲われてから二〇年以上経った現在、爪痕はあまり目立たなくなり、人に自慢できるほどのものではなくなってしまった。クマと激突したあとで考えたことは、クマに突進されたらこちらからも突進したほうがよい、というものだ。

数年後、再び突進されたときは大声を出してクマに向かっていった。驚いたクマが激突寸前で回避してくれた。とはいえ、それが最善策なのか半信半疑だ。科学実験は繰り返しの数が重要である。一般性をもたせるためには、こちらからも突進することを何回か試さなければならない。対照実験として、自分が突進しない例も増やす必要がある。幸いにも、その機会はまだない。

ぜいたくな日本人

日本は湿気が多くて嫌い――何てぜいたくな悩みだろう。多くの国は雨が少なくて農業がうまく行かないのだから。

光だけをみれば、光合成には乾燥した砂漠のほうが有利だ。砂漠では太陽の光を遮る雲はなく、毎日強烈な光が降り注ぐ。しかし、雨が少ないと植物は葉の表面にある小さな孔（気孔）を閉じる。水を失わないようにするためだ。この状態では光合成に必要な二酸化炭素を取り込めず、光合成量が極端に低下してしまう。だから、光よりも水の有無が光合成量を決めてしまうことが多いのである。

ところで、雨の多い日本ではどのような強さの光が地上にやってくるのだろうか。開けた場所で詳細な光の測定を行ってみた。当然、晴れた日中の光が最

ヒマラヤの高峰カンチェンジュンガ。こういった場所で低気圧が発生し、日本に雨をもたらしてくれる。

も強い。一方で朝夕、そして雨や曇りの日に光は弱くなる。雨の多い日本の場合、光の弱い時間帯は非常に長く、樹木の光合成量のかなりの部分が弱い光を利用したものだった。

雨続きで日照時間の少ない梅雨。こんなときにも植物はしっかり光合成を行う。それが秋の豊かな実りを支えている。そう思えば梅雨のうっとうしさも多少は和らぐのではないか。

日本に雨が多い理由の一つは、低気圧が定期的にやってきてくれるから。この低気圧はヒマラヤあたりで発生する。温暖化などによって気候が変わったとしても、ヒマラヤがあるかぎり日本が砂漠になることはないのだという。他にも、梅雨、台風、冬型の気圧配置などが日本の降水量を多くする原因となっている。

降水量が多いということは、水力発電にも向いているということ。水力は最も確実で実績あるエネルギー源だ。筆者が研究で訪れている福島の只見川水系には多くの発電所があり、短時間ならば原発一、二基なみの発電が可能なのだという。水力だけで電力需要をまかなうことは到底できないが、だからといって使わないのはもったいない。

夏枯れのわけ

子供の頃、「夏枯れ」という言葉が不思議だった。地中海性気候の地では夏の間、茶色い枯れ草が丘陵を覆う。たしかに夏枯れだ。しかし、日本の夏はどこを見ても緑一色ではないか。

夏枯れとは、夏に花が枯渇していることをさす言葉なのかもしれない。日本では高山植物を除けば盛夏に咲く花は少ない。木の花は春に多いし、草の花は春と秋。

草花が秋に多い理由は、一九七〇〜八〇年代にほぼ明らかになった。日本の場合、植物の生育時期は主に春から晩秋だ。「その生育期間をどのように使ったら残せる種子の数を最大にできるか」という問題が、数学的に解かれたのである。それによると、春に発芽した植物は初秋まで、葉、茎、根をひたすら大

トリカブトの仲間も秋の花。舞をともなう雅楽でかぶる鳥甲（とりかぶと）に似ている。

きくすべきなのだ。この期間、花をつけてはいけない。初秋以降、大きくなった植物は、生産するすべての有機物を花や種子を作るために使う。だから夏には花が少なく、初秋になると草花が一斉に咲き始める。なお、植物は初秋であることを日長（正確には夜の長さ）で知る。

春に花を咲かせる草はたいてい、秋に発芽し晩春に枯れる。この場合、花を咲かせるべき時期は三月から四月となる。高山植物が盛夏に花盛りとなるのは高山での生育期間が短いせいだ。短い生育期間で種子をたくさん実らせるためには、夏休みに入った頃に花を咲かせなければならない。とはいえ、木の花が春に多い理由はまだ明らかではない。

先に紹介した数学的手法は、ポントリャーギンの最大化原理と呼ばれる。この手法を知ったときには、大学院時代で最大の衝撃を受けたものだ。その後、落葉樹の成長の解析のために最大化原理を一度だけ使ったことがあるが、初学者の使い方でしかなかった。最近、私の授業を履修していた物理学科の学生が高度な使い方を伝授してくれた。不安定な環境に生育する植物の生活も最大化原理で説明できてしまうのだという。これだから東大で教えるのは魅力的だ。

ウバユリとサンマ

枯死する直前に一回だけ繁殖する植物がいる。暖かな時期だけを利用する夏の一年草がその典型だ。雨期と乾期がはっきりしているサバンナには、雨期になると発芽し、乾期には枯れてしまう草本《そうほん》（草）がある。これも一回繁殖型の植物。こうした生活史の適応的な意義を解明するために、前の項で紹介したポントリャーギンの最大化原理が使われた。その結果、短い一生をもつ一回繁殖型の生活史は、生育期間の中で生産する種子量を最大化するように進化したものであることが明らかになった。

対照的に、何年も生きる多年草や木本《もくほん》（木）は何回も繁殖することが多い。その場合でも発芽してからしばらくの間は開花せず、植物体そのものの成長に時間を割く。この期間を幼年期という。種子生産を最大化するためにはかならず

ウバユリの花（日光植物園ホームページより）。ウバユリは暗い林床を本拠地としている。ここは多くの植物にとって暗すぎるため、競争相手が少ない。それによって実生の生存率が高めとなる可能性が高い。このような条件では一回繁殖型多年草も進化できる。

幼年期の存在が必要で、これも数学的に明らかにされている。

謎なのは、多年生の植物にも一回繁殖型のものが見られることだ。ウバユリは林の林床で生きている多年草で、発芽から四年ほどで開花し、枯死する。砂丘のオオマツヨイグサも一回繁殖型の多年草である。

あるとき、魚の研究をしている卒業生から相談を受けた。サンマは二年の寿命をもち、一回産卵して死亡する。この意義を考えたいということだった。川で生まれたサケは海へと下り、数年後に川に遡上して産卵し、そこで死亡する。もしかすると、植物も動物も特定の条件の下ではこうした生活史が進化できるのかもしれない。

まだ予備的な解析の段階だが、わかったことは次の通りである。生物は体が小さいうちは成長速度が大きく、大きくなると速度が鈍る。この成長速度とは、一年に何倍の大きさになるかという相対的な速度だ。速度の鈍化が顕著になると、繁殖して死亡するほうが良い場合がある。成長速度の大きな子供をたくさん作るほうが、成長できない自分に固執するよりも適応的なのである。

それに加えて、子供たちの死亡率が低い場合には一回繁殖型でも不利にはならないらしい。多くの生物では種子や卵、そして発芽したばかりの実生《みしょう》や仔魚の死亡率が高い。競争に負けやすいし、捕食者に狙われやすいからだ。この時期の死亡率が低ければ、親が身を投げうってすべての資源を子孫に投入する意味が出てくるのである。

ウバユリは暗い林床に特化した植物だ。この林床は暗すぎてライバルがあまりいない。そのため、実生は強烈な光競争にさらされることなく成長できる。研究室の先輩が発表したデータを見直してみると、オオマツヨイグサは大きくなると成長が鈍化しているし、実生の死亡率はあまり高くない。成長が鈍化する理由はわからないが、砂丘は競争が起きにくい場所であるのは明らかだ。

サンマについて卒業生に聞いたところ、サンマは付着卵を作るため、卵の死亡率を低く抑えることができるという。何かに付着していると食われにくいのである。サケはどうなのだろうか。川で産卵する意義として、川のほうが海よりも卵の捕食者が少ないことを挙げる研究者も多い。これも良さそうな事実である。

シモバシラの霜柱

一一月に入ると、日光植物園では毎日のように霜が降りる。このとき、土の上だけでなく、ある枯れた植物の茎にも霜柱ができる。植物の名はシソ科のシモバシラ。この霜柱は横に伸びてカールしていくため、茎全体が霜柱の筒で覆われているように見える。

土にできる霜柱の物理学を最初に研究したのは、東大物理学科の教授であり随筆家としても知られる寺田寅彦だという。難解な言葉を極力使わないで霜柱のでき方を説明してみよう。

水はその分子の中に、電気的にプラスとマイナスの部分をもつ。土はマイナスなので、水のプラスの部分を引きつける。そのため、下層の水が重力に逆らって土の中を上昇することができる。土の表面が氷点下になっていると、上昇

シモバシラの茎からは霜柱が横に伸びる。植物園の開園時間までには解けてしまうため、職員しか見ることはできない。

した水はここで氷になる。結晶である氷は土と引き合う力が弱くなる。すると、土と強く引き合える液体の水が下から上昇し、引き合えなくなった氷を押し上げる。これを繰り返してできるのが霜柱だ。

植物の茎も水と電気的に引き合うことができる。これによって茎の内部にある空隙を伝い、水が地面から数十センチは上昇する。茎の空隙は横にも伸びていて、外部とつながっている。茎にできる霜柱はこの穴から横に向かって成長する。これと同じ現象は他にもサルビアの枯れた茎でも観察できるが、本家ほどには長くならないようだ。

霜柱が伸びていくのは、そこより上は気温が零度より低く、下は零度より高いという場所だ。真冬になると植物園の土は表面が完全に凍りつく。こうなると土の表面に霜柱はできず、より深い場所で伸びていく。そのため霜柱を直接見ることはできないが、地中でかなり伸長して土を押し上げるので、踏み抜くと二〇センチ近く陥没することがある。

四月頃には凍土は解け去り、霜柱も消えていく。浮き上がった土は沈み、踏み抜くこともなくなって、開園日にはしっかりした地面に戻っている。

縮む細胞

私にはどうしても捨てられない本がある。学部時代に挑戦した久保亮五先生の『統計力学』だ。しかし、統計力学で定義されるエントロピーが理解できず、数ページで挫折してしまった。その挫折感の大きさゆえに、いまだに捨てられないでいる。

私の研究は統計力学とは一見無関係であり、長いあいだ本を開くこともなかった。ところが、実は統計力学は生物学でも使えると知ってしまった。今は内心穏やかではない。

植物が冬を生き抜くには、水不足を回避することに加えて、細胞が寒さに強くなければならない。細胞はその内部に氷ができると壊れるため、内部の凍結を防ぐことで低温に耐える。

厳冬期、雪が枝の風上側に付着する。こんなとき、細胞は縮こまって耐えている。

植物の場合、次のような仕組みの細胞外凍結によって内部の凍結を回避する。植物壁などに含まれる植物細胞の外側を覆う水は真水に近いのに対し、細胞内部の水は無機イオンなどを含んでいる。気温が氷点下に下がると、まず細胞の外側の水が凍る。一方、物質が溶けていると凝固点降下が起きるため、内部は凍りにくい。さらに気温が下がれば、細胞内部の水は外側の氷に引きつけられて、細胞外に出て凍る。これを続けて細胞は次第に縮んでいき、内部はどろどろの状態になる。こうなると、マイナス何十℃になっても細胞の内部は凍らない。植物はこの細胞外凍結によって、シベリアのような極寒の環境を生き抜くのである。

気温がマイナス一〇℃のとき、細胞は通常の一〇分の一ほどの大きさまで縮むことが知られている。このサイズが、統計力学を使えば理論的に求められるのだという。物理学科の学生がレポートに書いて教えてくれた。そこには、例のエントロピーの式があったのだ。

私が学部三年生のとき、久保先生がお嬢様のレポートを代筆するという微笑ましい出来事があった。そのレポートの課題も細胞への水の出入りに関するものだった。時間ができたらもう一度、統計力学にチャレンジしようか。

太陽光発電と植物の葉

最近、太陽光発電所が増えている。原発事故を機に関心が高まったこと、電力を高値で販売できるようになったことなどが設置を後押ししているのだろう。

太陽光発電と植物の光合成には似た部分がある。光合成にも、光エネルギーを電気エネルギーに変換する過程があるからだ。しかも、両者はエネルギーの変換効率まで似ている。

ある意味で人工の植物ともいえる太陽光発電だが、植物にはない少なくとも二つの問題を抱えている。一つは天気次第で発電量が大きく変動することだ。私たちは常に電力を必要としているため、この変動は大問題である。一方、植物のほうは発電量に応じて有機物を作っていくだけで、変動が問題となることはない。

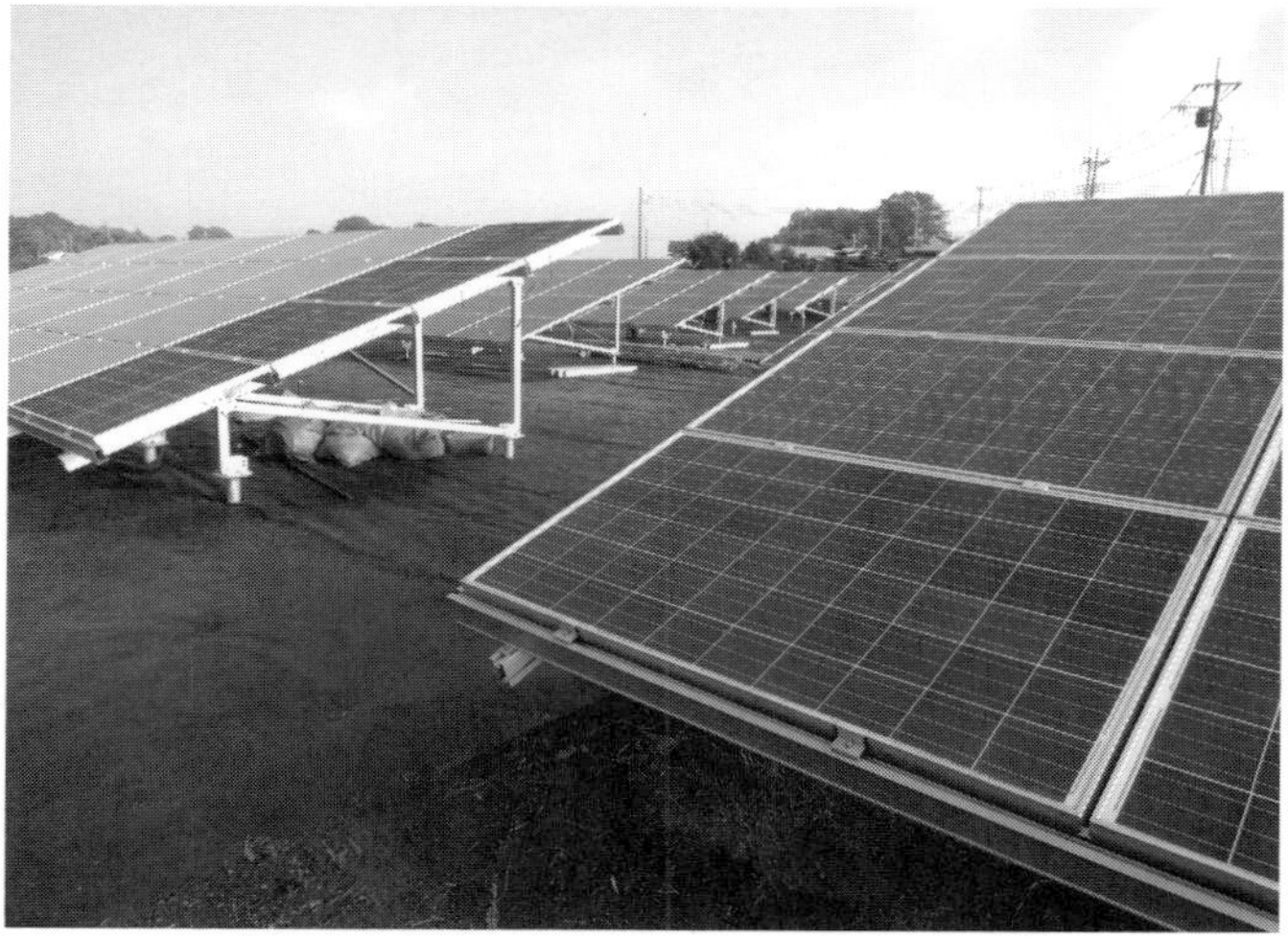

太陽光発電について植物から学ぶべきことは多い。植物の場合、葉を作るコストが小さいため短期間で償却できる。太陽光発電に求められるのはさらなる低コスト化だ。

もう一つの問題は、太陽光発電所の製造と設置に必要なエネルギー（コスト）の問題だ。私が学生の頃、設置から廃棄までに生み出されるエネルギー（ベネフィット）はコストを下回っていた。つまり、太陽光発電は実用性のない技術だった。現在では以前よりコストが減少するなどして、さすがにそれは解決しているが、コストの償却にはいまだに何年もかかる。発電量の変動に対応するために蓄電池まで準備するとなると、償却期間はさらに長くなってしまう。

その点、植物は驚くほど優秀だ。明るい環境の場合、植物はわずか数日で葉の製造コストを償却し、その後は延々とベネフィットを生み出す。その秘密は葉の薄さにある。薄っぺらな葉の製造コストは極端に低いのである。それもあって、植物体は一日で三〇％近く成長することがある。

「夏草や兵《つわもの》どもが夢の跡」と芭蕉が詠んだように、植物は旺盛な成長力にものをいわせ、かつて武士たちが栄光を夢見た戦場の痕跡さえ消し去ってきた。太陽光発電で社会を支えるという壮大な夢も、欠点の解消なしには夏草に埋もれてしまいかねない。低コストで急速に成長する植物の生き方は、問題解決のためのヒントとなるのかもしれない。

インド亜大陸という船

ブナとナンキョクブナは中生代の超大陸パンゲアに共通の祖先があることを「アジア人、二度ブナに会う」で紹介した。では、パンゲアが南北に分裂したあとに進化した植物は、北半球と南半球に固有のものとなったのだろうか。実際その通りで、日本の植物しか見ていないと南半球の植物は異世界のものに思えてくる。

ところが、起源がブナほど古くはないのに世界中に分布する植物もある。その一つがドクウツギ。この植物の不思議な分布に気付いたのは東大の植物園長だった前川文夫先生である。六〇年ほど前のことだ。当時の科学ではドクウツギの分布拡大径路を推定できず、中生代の赤道付近に分布していたらしいという程度の知識にとどまっていた。

ドクウツギの果実。鳥散布種子は甘い果実を作る。ドクウツギも例外ではない。葉や根に強烈な毒をもっているが、果実に毒はなく、濃厚な甘みをもつ。根には放線菌が共生していて、窒素固定を行う。

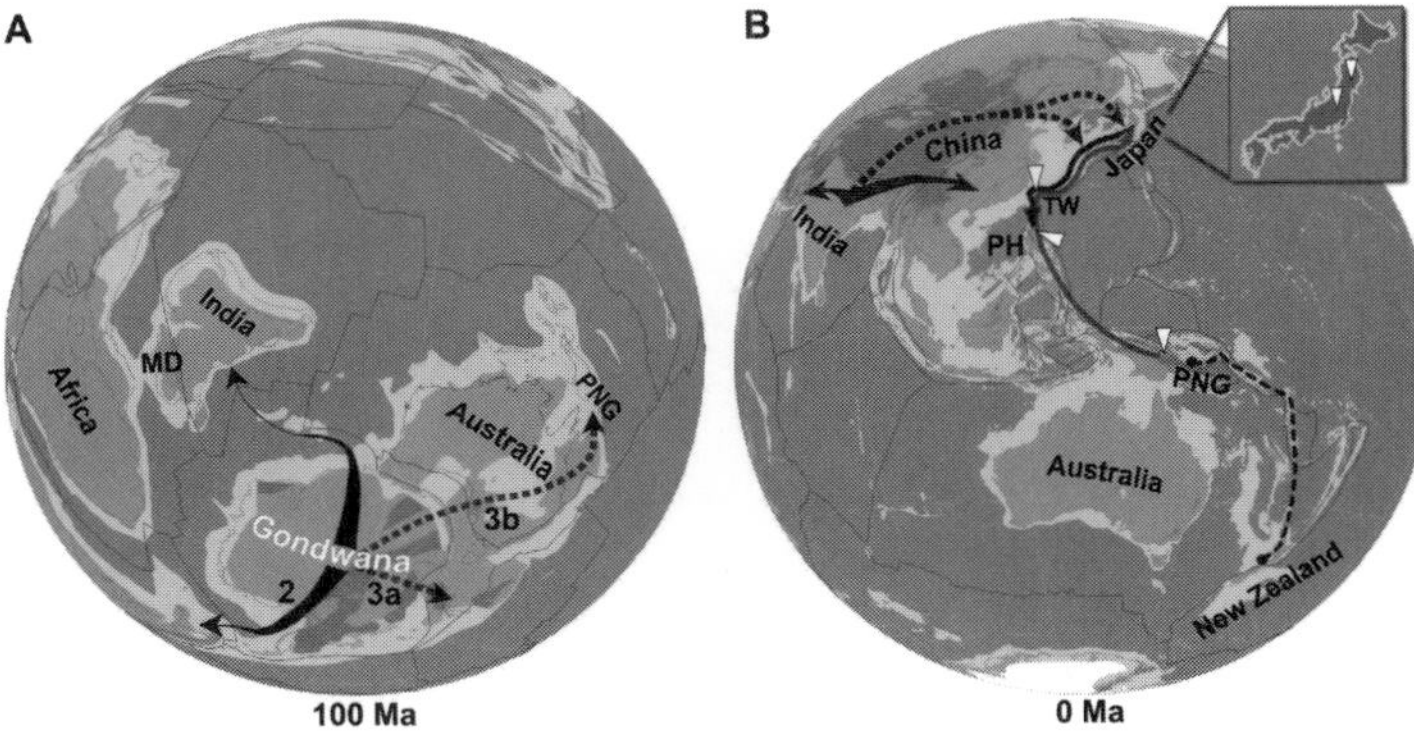

大陸移動とドクウツギ。ゴンドワナ大陸で進化したドクウツギはインドの分離・北上によって北半球に上陸し、日本にまで分布域を広げた。

[Berckx, F., Nguyen, T.V., Bandong, C.M. *et al*. A tale of two lineages: how the strains of the earliest divergent symbiotic *Frankia* clade spread over the world. *BMC Genomics* 23, 602 (2022)]

現在は遺伝子の解析によって進化の道筋がわかるようになり、数年前にドクウツギの進化を遺伝子から明らかにしようというプロジェクトが始まった。スウェーデンを中心に世界中の研究者が集まり、私たちも参加させてもらった。

遺伝子はドクウツギそのものではなく、共生して窒素固定を行う放線菌のものを利用した。この放線菌は単独では生きられず、かならずドクウツギと共生して生きていることがわかっていたからだ。ドクウツギは石のゴロゴロした河原に多く分布しているため、その根に根粒を作る放線菌を取り出すのはけっこうたいへんだ。都会派の大学院生たちはスコップで挑戦したがうまく行かず、田舎育ちの私がツルハシで掘り出すことになった。

そうやって集めた世界中の放線菌の遺伝子を解析したところ、ドクウツギは南のゴンドワナ大陸で進化したことがわかった。その後、ゴンドワナ大陸から分離したインド亜大陸に乗って移動し、それが北半球に衝突したことで、やがて日本にも分布するようになったらしい。インド亜大陸はドクウツギを乗せた巨大な船だったのである。

実はメダカも、同じくインドからやって来たことがわかってきている。ただし、メダカは南半球には分布していないため、インド亜大陸が海の上を移動している最中に進化してきたのかもしれない。

進化を遺伝子から追いかけられるようになった現在、大陸移動という地球史上の大イベントを含めた大きな絵を描くことができる。良い時代になったものだ。

コウシンソウの保全

日光では、梅雨に入ってもストーブを焚く寒い日がある。その頃、山の上ではコウシンソウが花をつける。コウシンソウはタヌキモ科の小さな食虫植物。日光周辺でのみ見られる。自生地は溶岩が固まってできた岩壁であり、そこに張り付いたコケのマットの中で生きている。特別天然記念物に指定されているのだが、場所によっては数が減ってしまった。絶滅を心配した環境省がその保全に乗り出し、日光植物園も保全事業の一端を担っている。

コウシンソウを発見したのは東大植物園の第二代園長であった三好学である。彼はエコロジーに生態学という訳語をつけたことでも有名だ。植物園と生態学が三好学によってコウシンソウに結びつけられていれば、私がその保全に係わるのは因縁としか言いようがない。

日光の庚申山で発見されたため、コウシンソウと命名された。
写真は男体山のもの。

保全は相手を知ることから始まる。私の役割は、生まれ、大きくなり、死んでいく過程を調べることだ。葉の長さはせいぜい一センチ。芽生えなど一ミリにも満たない。数週間おきに自生地に出かけ、決まった場所で写真を撮る。研究室に戻り、コウシンソウの位置とサイズをパソコンの画面上で記録する。本当に地道な作業だ。

たくさんの個体についてデータを解析した結果、種子が発芽してから三年で開花するとわかった。開花した個体のうちで種子が結実するものは約半分。結実した個体はけっこう死亡するらしい。力を使い果たすのだろうか。

植物園の職員たちの研究によって、コウシンソウは気温が二五℃以上になると生育が悪くなること、岩壁にコケがついていないと定着できないが、コケが厚くなりすぎてもまずいことなども明らかになった。そのうち、自生地で増やすだけでなく植物園内でも公開できるのではないかと考えている。

写真のコウシンソウを見ると、種子が崖下にこぼれ落ちてしまうのではと心配になるかもしれない。しかし心配は無用だ。種子が熟す頃になると花茎が崖のほうに反り返り、種子はコケのマットの中に散布されるのである。なかなか良くできた仕組みだ。

大正天皇のクリの木

日光植物園の隣には旧田母沢《たもざわ》御用邸がある。ここを避暑地として利用された大正天皇は、植物園の小高い丘がお気に入りだった。その丘では帽子をとって小さなクリの木に掛け、日光の山々を眺められていたという。

二一世紀に入って、宮内庁は大正天皇実録を公開した。大正天皇は流布されている噂とはほど遠い、優れた文人だったらしい。実録の中に「日光避暑」という漢詩がある。

帝都炎暑正鑠金　遠入晃山養吟心
離宮朝夕涼味足　四顧峯巒白雲深
有時園中試散歩　花草色媚緑樹陰
曲池水清魚亦樂　徘徊不知夕日沈

大正天皇ゆかりのクリは大木になり、毎年小振りな実を落とす。これはシバグリとよばれる野生のクリである。実は小さいが味は悪くない。

植物園を散策していると（時がたつのが早く）日の暮れるのを忘れてしまったのだという。台湾の研究者の方が漢詩の内容と響きを高く評価していた。現在、この漢詩は記念碑に刻まれている。場所はくだんのクリの木の丘だ。

二〇一五年の秋、天皇皇后両陛下（当時）の行幸啓が予定されていた。そのときにこの碑をご覧になっていただくつもりだったのだが、直前に起きた鬼怒川の決壊で取りやめになってしまった。残念ではあるが、まずは洪水からの復旧である。大正天皇ゆかりのクリの木は一〇〇年の時を経て大木になった。もはや帽子を掛けることはできない。クリの木の丘には、現在は上皇となられた陛下が初めてスキーに挑戦されたというエピソードもある。御用邸に疎開されていた太平洋戦争中のことだ。

漢詩の中で楽しそうに泳いでいるとされた魚は、上流から流されてきたイワナだと思う。秋遅く、池の水を落とすとイワナがたくさん捕れる。クリの実も秋の楽しみの一つである。ただし、早朝に繰り広げられるサルとのクリ戦争に勝たないと味わえない。

この植物園の価値の一つは、一〇〇年以上にわたる植物の伝記があることだ。それに加え、激動の近代に翻弄された人々の歴史も外伝として残しておきたい。

不毛の海、豊饒の海、死の海

海の豊かさ、すなわち漁獲量の多さは、海の汚さと関係している。汚さというのは少々刺激的な表現だが、実際、透明度の高いきれいな海に魚は少なく、多少汚く濁った海に多くの魚類が生息する。

汚く濁っているとは、魚類の餌となるプランクトンが多いことを意味する。海中に窒素やリンなどの栄養素が多く存在しているのだ。陸地に近い海の場合、その栄養素の源は河川水である。河川水に適度な栄養素が含まれていれば、プランクトンが増えて魚類も多く生息できるようになる。

実は、森林から流れてくる川の水は貧栄養だ。窒素やリンは森林内で緊密に循環を続けており、降水によって川に流出する栄養素は非常に少ないからだ。そのため、森林だけと繋がった海はそれほど豊かではない。こうした貧栄養の海を好む生物も存在するが、漁獲量で判断すればここは不毛の海と言うべきだろう。

多くの河川は源流部に森林をもつが、そのまま海に注ぐわけではない。途中で人間の生活圏を通ってから海に出る。こうした河川の水には、多くの栄養素が含まれている。農地からは作物が吸収しきれなかった肥料が流れ出すし、都市からは栄養素を高濃度で含んだ下水が流れ込む。河川水が適度に富栄養ならば、豊饒の海となる。

しかし、ここ数十年、極端に富栄養となった河川水が海の環境問題を引き起こしてきた。そのような河川水が流れ込む海域ではプランクトンが急速に増殖する。なかには毒素を含むものもいる。また、このプランクトンの死骸が微生物に分解されるとき、海中の酸素が消費され、魚類を含む多くの生物が死滅する。こうした現象を赤潮や青潮と呼ぶ。ここは死の海である。

過剰な栄養によって引き起こされる赤潮や青潮を解決するため、下水処理技術が発達した。現在の下水処理場では、微生物の助けを借りて窒素を除去し、化学的な方法でリンを除去する。こうした下水処理を高度処理という。

高度処理ですべてがうまくいくはずだった。ところがここ一〇年ほど、予期

川の始まり。鬼怒川の支流であるこの川は豊富な湧水から始まる。森林から流れ出る水は貧栄養である。この清流がそのまま海に流れていけば、河口付近は貧栄養の不毛の海となる。『豊饒の海』は三島由紀夫の絶筆だ。その響きの良さが頭に残っていて、僭越ながらここでタイトルに使わせてもらった。

せぬ問題が起きてきた。海が自然の状態に近くなり、つまり貧栄養となり、魚や貝、そして海苔などが採れなくなってしまった。死の海をなくす努力が、豊饒の海を不毛の海へと変えたのである。海の貧栄養化は大阪湾、瀬戸内海、有明海、三河湾などで報告されている。

人間は自然を改変し、自分たちに都合の良い状況を作り出すことで豊かな生活を実現してきた。農地では、自然に循環する以上の窒素を供給することで農業生産性を高めてきた。関東平野は本来、利根川や荒川などが頻繁に流れを変える氾濫原であったが、江戸時代の工事によって氾濫を抑え、水田として使えるようになった。海も例外ではない。人間生活によって適度に富栄養化したことで、より多くの海産物を得られるようになっていたのである。

海は自然のままの貧栄養なら良いというわけではなく、また過剰な富栄養でも問題が生じる。近いうちに、下水処理をほどほどにし、適度に富栄養な豊饒の海を維持しようという試みが始まるという。自然を細やかにコントロールするのはたいへんだが、科学的知見の蓄積がその困難さを乗り越えるために役立つはずだ。

ここまで書いてきて今さらながらに思った。私は科学が大好きなんだ。

静かな冬の夜、ふと、昔聞いた言葉を思い出した。知識の量とは図形の面積のようなものだという。新たな知識が付け加えられると面積が増え、外周が長くなる。外周は未知の世界との境界線であり、これは未知の領域の大きさを推し量るための物差しとなる。知識が増えると知らないことの多さに気付く、という意味らしい。もしかすると、ソクラテスによる「無知の知」を言い換えただけなのかもしれない。

私の研究生活はこの言葉そのものだった。大学院に入った頃、知識が乏しかったために未知のものが何なのか見当もつかず、自力では研究テーマを見つけることができなかった。教員となってからもその迷いは続いた。まだまだ私の知識の外周が短く、大学院生たちの研究テーマ選定であれこれ悩んだことを思い出す。幸いにも、大学院生たちは大学院時代の私よりも幅広い知識をもっていた。彼らが独自の研究を行うことで、私の知識の外周も長くなっていった。大学院生たちのおかげで、自分自身で取り組むべきテーマがはっきりと見えてきたのである。ここまで来てやっと、研究論文以外も書いてみたいな、と思えるようになった。

そんなとき、東京大学出版会の定期刊行物である『ＵＰ』に連載記事を書かないかという話が舞い込んだ。話題がすぐに尽きてしまうことを心配していたが、編集者に助けられて四年間、四八回も続いた。本書はその連載に新たに書き下ろしを加えてまとめたものだ。加筆部分では連載終了後の研究などを参考にし、切り口をより多面的にして植物の生活を紹介している。時間とともに知の外周、つまり未知の世界も広くなっていったため、そこにも留意して正直に書いた。読者の方々の知の外周が長くなり、植物への興味がさらに湧いてきていたら成功なのだが……。果たして、うまく書けていただろうか。

映画や小説には結末があり、多くの場合、そこにはカタルシスが準備されている。しかし、研究は終わりのない物語である。本書は物語のたった一幕を紹介しただけであり、物語を納めるようなエピローグは書かないでおこう。芥川的に言えば、一人の研究者は「一瞬の花火」でしかない。その一瞬の花火が次の花火の導火線に火をつけ、新しい幕が上がる。エピローグのない物語は期待にあふれ、いつまでも新鮮だ。

本書は、2012～15年に東京大学出版会のPR誌『UP』に連載されたエッセイ「植物の生をみつめる」に加筆・修正（一部、写真も変更）し、新たに書き下ろしの「不許葷酒入山門」「狩猟採集民と野生の動植物」「エアプランツ、その後」「同じ常緑樹でも」「コンプリート癖と博物学」「水はどうする、ジャックの豆の木」「窒素固定植物の盛衰」「しなやかな木、堅い竹」「アジア人、二度ブナに会う」「傷を癒やす」「ウバユリとサンマ」「インド亜大陸という船」「不毛の海、豊饒の海、死の海」を追加して再構成したものです。

舘野正樹（たての・まさき）

東京大学大学院理学系研究科准教授／日光植物園園長。専門は植物生態学。1958年、栃木県生まれ。東京大学大学院理学系研究科で博士号（理学）を取得後、カリフォルニア大学バークレー校研究員、群馬大学助教授などを経て、東京大学附属の日光植物園で1998年より園長を務める。著書・訳書に『カラー新書　日本の樹木』（筑摩書房）、『植物生態生理学　第2版』（監訳；シュプリンガーフェアラーク東京）など。趣味は登山、料理。

装丁・組版　閑人堂

植物学者の散歩道

2023年9月30日　　初版第1刷発行

著　者　　舘野正樹
発　行　　閑人堂
https://kanjindo.com/
e-mail：kanjin@kanjindo.com
印刷・製本　モリモト印刷株式会社

ISBN978-4-910149-04-2